加蓬盆地深水区油气地质特征

石油石化学术文库
海外系列

于 水　张尚锋　黄兴文　阳怀忠　王雅宁 著

中国石油大学出版社
CHINA UNIVERSITY OF PETROLEUM PRESS

山东·青岛

图书在版编目(CIP)数据

加蓬盆地深水区油气地质特征/于水等著.--青岛:
中国石油大学出版社,2021.4

ISBN 978-7-5636-6929-5

Ⅰ.①加… Ⅱ.①于… Ⅲ.①边缘海-含油气盆地-
石油天然气地质-研究-加蓬 Ⅳ.①P618.130.2

中国版本图书馆 CIP 数据核字(2020)第 250504 号

书　　　名:	加蓬盆地深水区油气地质特征
	JIAPENG PENDI SHENSHUIQU YOUQI DIZHI TEZHENG
著　　　者:	于　水　张尚锋　黄兴文　阳怀忠　王雅宁
责任编辑:	王金丽(电话　0532-86983567)
封面设计:	王凌波
出　版　者:	中国石油大学出版社
	(地址:山东省青岛市黄岛区长江西路 66 号　邮编:266580)
网　　　址:	http://cbs.upc.edu.cn
电子邮箱:	shiyoujiaoyu@126.com
排　版　者:	我世界(北京)文化有限责任公司
印　刷　者:	山东顺心文化发展有限公司
发　行　者:	中国石油大学出版社(电话　0532-86981531,86983437)
开　　　本:	787 mm×1 092mm　1/16
印　　　张:	9.5
字　　　数:	202 千字
版　印　次:	2021 年 4 月第 1 版　2021 年 4 月第 1 次印刷
书　　　号:	ISBN 978-7-5636-6929-5
定　　　价:	95.00 元

含盐盆地油气资源丰富,早期受地球物理、钻井等技术因素限制,勘探成功率低。近几十年,随着盐下勘探技术的迅猛发展,含盐盆地油气勘探成为世界油气勘探的热点领域之一,陆续涌现出滨里海、墨西哥湾和巴西等盐下勘探热点地区。特别是近10年,巴西众多世界级盐下大油气田的发现引起了全球主要油公司的高度关注。由此国际勘探家们将目光投向大西洋彼岸的西非一侧共轭含盐盆地,其相同的地质背景和类似的构造沉积演化历史及较低的进入门槛,使包括中国石油公司在内的全球各大油公司产生了浓厚兴趣,他们纷纷踏至参与竞争。其中,加蓬盆地位于西非含盐盆地群北部核心地带,其油气系统早在半个世纪前就得到证实,已在陆上(盐下)和浅水区域(盐上三角洲)发现众多大中型油气田,从而使其所在国成为非洲石油储量和产量位居第7的国家(据BP世界能源统计年鉴)。而加蓬盆地的深水区域,特别是南加蓬次盆深水区与巴西海域盆地类似,发育厚层盐岩,勘探程度低,潜力大,机会多。同时非洲各国与中国保持良好的传统友谊,拥有坦赞铁路、中非论坛等众多合作成果和协作平台,是中国石油公司"走出去"和践行"一带一路"倡议的重要地区。本书即是在这一大形势和大趋势下,依托"十二五"和"十三五"国家重大专项课题,通过持续攻关研究所取得的系列成果之一。本书是选取研究成果的部分重要内容进行系统总结和提炼编纂而成的,旨在向同行介绍加蓬盆地的石油地质条件,重点聚焦勘探程度低、潜力较大的南加蓬次盆盐下的勘探潜力与主攻方向,为中国石油公司进军西非深水提供借鉴和参考。

全书分为5章。第1章为盆地的基本地质特征,重点介绍加蓬盆地所处的西非海岸大地构造背景与板块构造演化、盆地的区域构造特征及演化和区域地层充填;第2和第3章聚焦深水区的主要构造、沉积特征,重点介绍对盐下断裂识别较为有效的一些地球物理实用技术、盆地特别是深水区的断裂体系和构造格局及演化、深水区的层序格架与层序特征、深水区的地震沉积学响应特征及沉积特征展布;第4章为主要石油地质特征,重点阐述盆地特别是深水区盐下的烃源岩条件、储盖配置、圈闭发育情况及有利成藏组合,剖析盆地的油气分布规律和油气成藏主控因素;第5章为深水区勘探潜力与方向，重点分析南加蓬次盆深水区的勘探潜力、有利勘探层系与有利勘探方向。

本书编写过程中，得到了中海油研究总院有限责任公司副总经理邓运华院士、杜向东总师，以及中国海洋石油国际有限公司总地质师陶维祥和勘探开发技术研究院院长梁建设等专家领导的悉心指导和热心帮助，中海油研究总院有限责任公司科技发展部及中国海洋石油国际有限公司勘探部和科技管理部等相关负责人为此书出版提供了大力协助，中国海洋石油国际有限公司勘探开发技术研究院的刘新颖、黄健良、李海滨、郭家铭、袁野、陈全红、杜洋，长江大学张尚锋教授团队的陈孝端、张金龙、邓佳琪、何成伟、匡可心、朱春霞、赵韶华等参与了资料整理和图件清绘等工作，在此一并致以诚挚的谢意！

本书的出版得益于"十二五"国家科技重大专项"海外重点区勘探开发关键技术研究"（编号 2011ZX05030）及"十三五"国家科技重大专项"海外重点区勘探开发关键技术研究"（编号 2017ZX05032）的大力支持，在此对项目的参与者及专项办表示感谢！

限于作者的水平，书中难免存在错误和不足，敬请各位读者批评指正。

著者

2020 年 9 月 14 日

CONTENTS 目/录

第 1 章
盆地基本地质特征

西非是世界著名的油气富集区之一,也是目前世界油气勘探的热点地区。加蓬盆地处于西非沿岸被动大陆边缘,因其油气资源非常丰富,一直是西非油气勘探的重点区。加蓬盆地为中生代以来冈瓦纳大陆解体和大西洋扩张形成的产物,其发育演化经历了裂陷、过渡以及漂移 3 个主要阶段,相应沉积了河流-湖泊相及海相地层,每一构造演化阶段均受特定的地球动力学背景控制,对油气的生成和运聚产生了重要的影响。

1.1　西非海岸大地构造背景与板块构造演化

加蓬盆地所处的西非海岸盆地群是典型的被动大陆边缘盆地,其形成与中生代以来大西洋的形成和持续扩张作用有关(图 1.1),属于冈瓦纳大陆解体和大西洋持续扩张形成的被动陆缘盆地。西非海岸盆地的分布从北向南可分为 3 段:北段包括塔尔法亚盆地、塞内加尔盆地、利比里亚盆地和阿比让盆地,其形成与中大西洋的裂开和非洲与北美板块的分离有关;中段包括尼日尔三角洲盆地、加蓬盆地、下刚果盆地、宽扎盆地;南段则仅为西南非海岸盆地。在诸多西非海岸盆地群中,以中段的加蓬盆地等油气最为富集(图 1.2)。

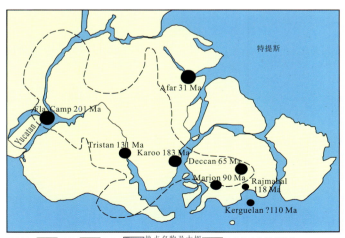

图 1.1　冈瓦纳大陆中生代裂解演变图(据 Burke et al.,2003)

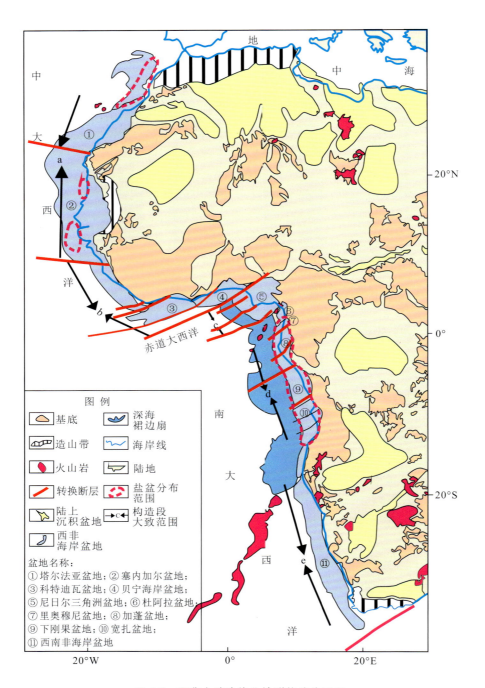

图 1.2　西非大陆边缘盆地群构造分区图

（据 Brownfield and Charpentie, 2006b；Cameron et a ., 1999; IHS Markit, 2017 等资料综合编制）

a—西北非塔尔法亚—塞内加尔段；b—赤道非洲科特迪瓦—贝宁海岸盆地段；

c—尼日尔三角洲盆地段；d—西南非杜阿拉—宽扎盆地段；e—西南非海岸盆地段

1.1.1　大洋转换断裂体系及西非边缘结构特征

大西洋海底密集分布着诸多大型转换断裂带(图 1.3),对西非大陆边缘盆地的形成、构造演化及沉积充填、油气分布等都产生了十分重要的控制作用。这些转换断裂带在洋中脊周围为 EW 走向,向西非大陆方向走向发生偏转,逐渐变成 NEE 及 NE 向。大型转换断裂带的发育控制了西非沿岸构造走向及发育位置,并分割平行于海岸的各类块体,使得沿非洲大陆边缘形成了性质和特征不同的区段和构造,如 Romanche、Charcot、Ascension、Rio de Janeiro 和 Rio Grande 等(图 1.4),这些构造的形成对西非大陆边缘各盆地间或盆地内部起到了一定的分割作用。在加蓬盆地中,沿着转换断裂带具有特殊的砂泥比,表明大洋转换断裂带对沉积具有控制作用,长期活动的转换断裂带可能是沉积物穿过大陆架进入深海的通道(Evans,2001;Dickson et al.,2003)。这类转换断裂带也可形成调节带类构造,对烃类流体的运移产生影响。

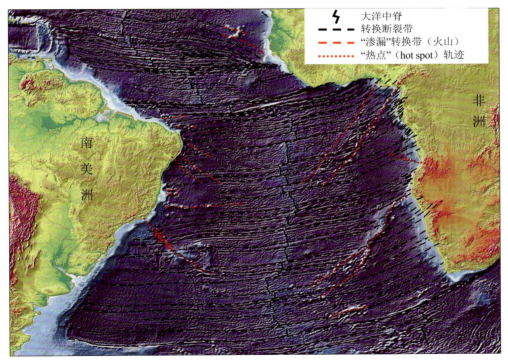

图 1.3　南大西洋地貌图(据 Dickson et al.,2003)

根据西非大陆边缘与大洋转换断裂带的发育关系,可将西非海岸分为两种边缘类型:转换离散-裂陷型边缘和倾向离散-裂陷型边缘(Lehner and de Ruiter,1977;Mann et al.,2003;郑应钊,2012)。其中转换离散-裂陷型边缘与错断大洋中脊的主转换断裂带相关联,是大洋转换断裂带的延伸;而倾向离散-裂陷型边缘位于两条主

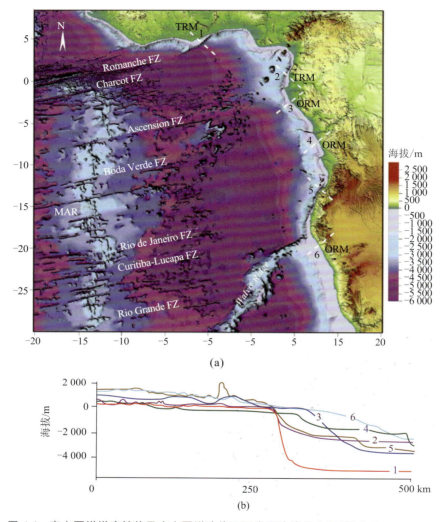

图 1.4　南大西洋洋底结构及南大西洋边缘不同类型边缘分布图（据 Guiraud et al.，2010）

TRM—转换离散-裂陷型边缘；ORM—倾向离散-裂陷型边缘；1—象牙海岸-几内亚转换离散-裂陷型边缘；2—里奥姆尼-北加蓬转换到斜向离散-裂陷型边缘；3—南加蓬倾向离散-裂陷型边缘；4—北安哥拉倾向离散-裂陷型边缘；5—南安哥拉边缘；6—北纳米比亚倾向离散-裂陷型边缘

转换断裂带之内。倾向离散-裂陷型边缘显示出岩石圈和地壳渐进式减薄特征，块体离散方向与大陆边缘近于垂直，如南加蓬边缘（Teisserenc and Villemin，1990；Dupre，2003）。转换离散-裂陷型边缘块体的离散方向与大陆边缘或转换断裂带近于平行，大多数情况下其地壳是介于正常大陆壳与洋壳之间的过渡型，如里奥姆尼-北加蓬边缘（Dailly，2000；Turner et al.，2003；Guiraud，2009）。

这些边缘之外向海延伸的部分属于斜向离散-裂陷型大陆边缘。西非大陆边缘的地形复杂多变，转换离散-裂陷型边缘具有窄陡的大陆坡，如象牙海岸-几内亚边缘、里奥姆尼-北加蓬边缘；倾向离散-裂陷型边缘具有宽缓的大陆坡，如南加蓬、北安哥拉、北纳米比亚边缘(图 1.4)。

　　垂直于大陆边缘方向,可将其分为内坳陷带和外坳陷带两个构造单元,内、外坳陷带间以受构造影响的、在裂陷作用阶段形成的地垒或其他形式的构造高地为界,如加蓬盆地内、外坳陷带以兰巴雷内(Lambarene)隆起、Gamba 高等为界(Teisserenc and Villemin,1990;Karner et al.,1997);宽扎盆地内、外坳陷带以 Flamingo 高、Benguela 高等为界(Hudec and Jackson,2002)。内坳陷带一般位于陆上,外坳陷带主体主要分布在海域。

1.1.2　火山链及热点分布

　　西非被动大陆边缘形成演化过程中发育有规模较大的火山链(图 1.3),它们多是"热点"(hot spot)的轨迹,主要的火山链有 Walvis Ridge、Tristan de Cunha、St. Helen 和 Ascension 等。这些火山链的发育在一定程度上体现了冈瓦纳大陆开裂的方式,并对区域地层充填产生影响。其中对西非大陆边缘盆地形成影响最大的是冈瓦纳大陆解体早期形成的 Walvis Ridge(对应南美巴西一侧的 Rio Grand Ridge),该火山岩带对西非大陆边缘阿普特(Aptian)期盐岩的发育起到非常重要的作用,以其为界,南部不发育盐岩,北部沿岸区则普遍发育盐岩(Davison,2007)。火山链的走向变化反映了非洲大陆与南美板块分离时是以北大西洋为一个假想轴分别发生顺时针和逆时针方向的旋转而分开的。

1.1.3　地壳及岩石圈特征

　　西非被动边缘从东向西、从陆到海方向,地壳一般由正常陆壳、减薄陆壳、过渡壳(或称初始洋壳)和正常洋壳等构成(图 1.5)(Meyers et al.,1996;Dupre et al.,2011)。正常陆壳的厚度、成分与其东侧的大陆相似,基本无伸展减薄或比较明显的物质成分变化。减薄陆壳的厚度减薄了 5～10 km,莫霍面有所抬升,发育其上的陆架很宽、坡角很缓,陆架坡折位于减薄陆壳的外侧、陆洋过渡带附近,其沉积盖层发育一系列裂陷期形成的、轴向近似平行于海岸线的断陷充填在减薄陆壳之上。过渡壳位于陆隆向海方向的下部,由溢流玄武岩、破裂陆壳剥落下来的沉积物等组成。过渡壳与减薄陆壳间的大致边界即洋陆边界。过渡壳西侧为正常洋壳,其上逐渐过渡为深海平原,再向西(向海方向)即洋中脊。

　　由跨西南非和西北非海岸盆地地学断面和岩石圈厚度等值线图等对比分析可以看出,西北非盆地陆壳较薄,但岩石圈厚度较大,岩石圈厚度等值线以东西向展布为主;西南非盆地陆壳厚度较大,但岩石圈厚度较小,岩石圈厚度等值线呈北东向展布(图 1.6)。

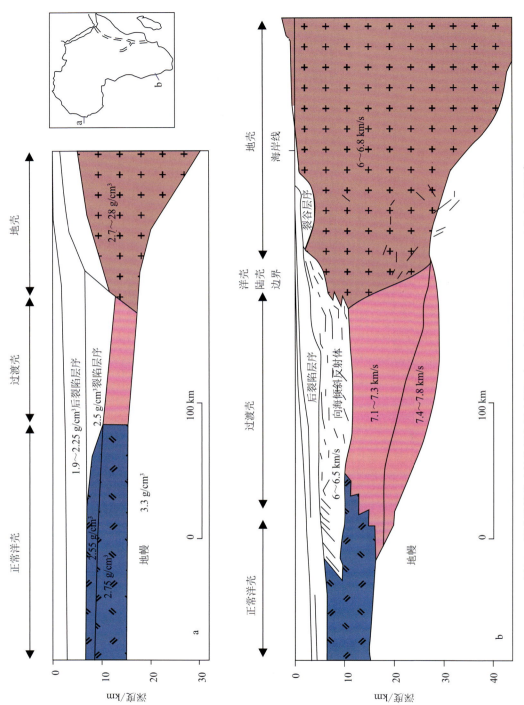

图1.5 西非边缘地壳结构示意图（据Rad et al., 1982；Seranne and Anka, 2005）

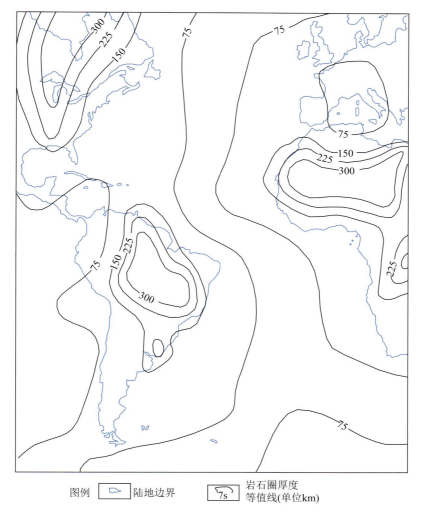

图例　⬡ 陆地边界　　7s 岩石圈厚度
等值线(单位km)

图 1.6　中南大西洋和相邻地区岩石圈厚度等值线图(据 Emery and Uchupi,1984)

1.1.4　板块构造演化及动力学背景

1)板块构造演化

中新生代时期西非海岸盆地群经历了裂陷和漂移构造演化阶段,但因西北非洲、西南非洲和赤道非洲穿时裂解,不同盆地的裂解和漂移时间不同,可以将它们的中新生代划分为 5 个主要构造活动阶段(图 1.7 和图 1.8),每一个构造演化阶段都受其特定的地球动力学背景控制(Savostin et al.,1986;Smith and Livermore,1991;Pavoni,1992;Albarello et al.,1995;Deckart et al.,1997;Golonka and Bocharova,2000;Tello Saenz et al.,2003;叶和飞等,1999)。

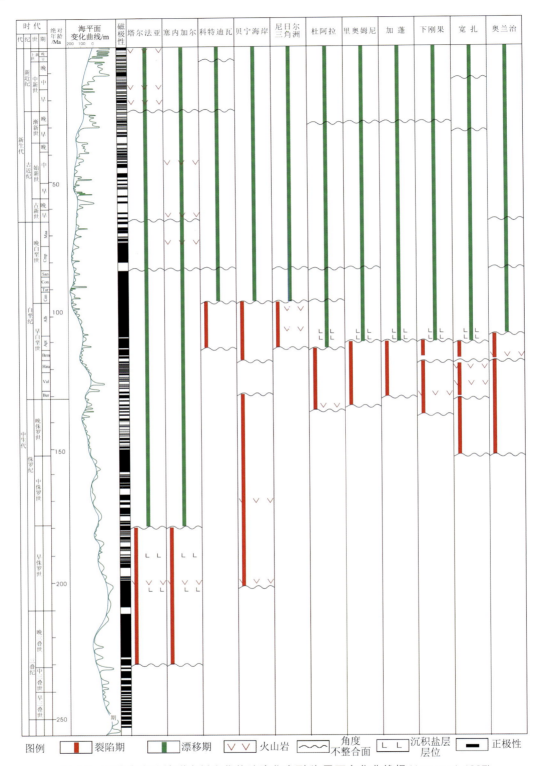

图 1.7　西非海岸盆地群中新生代构造演化序列(海平面变化曲线据 Hap et al.,1987)

Maa—马斯特里赫特期;Cmp—坎潘期;San—三冬期;Con—康尼亚克期;Tur—土伦期;Cen—塞诺曼期;Alb—阿尔布期;Apt—阿普特期;Brm—巴列姆期;Hau—欧特里夫期;Val—瓦兰今期;Ber—贝里阿斯期

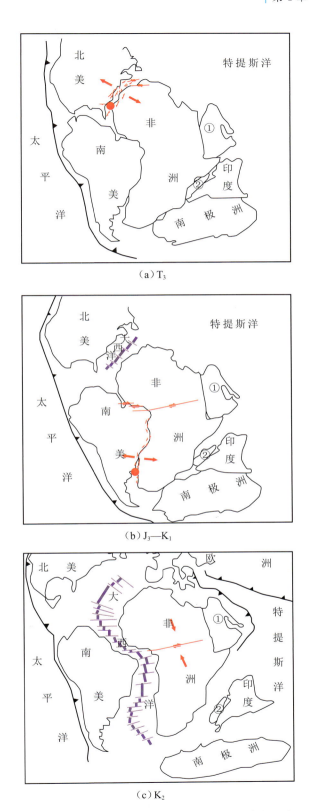

（a）T₃

（b）J₃—K₁

（c）K₂

图 1.8　西非和周边地区三叠纪以来大地构造演化示意图

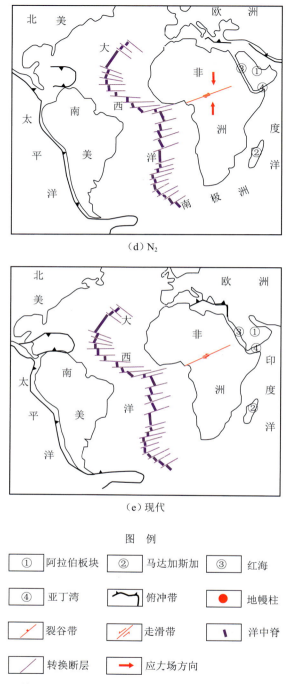

（d）N$_2$

（e）现代

图　例

| ① | 阿拉伯板块 | ② | 马达加斯加 | ③ | 红海 |

| ④ | 亚丁湾 | ⌇ | 俯冲带 | ● | 地幔柱 |

| ⟋ | 裂谷带 | ⟌⟋ | 走滑带 | ⎮ | 洋中脊 |

| ⟋ | 转换断层 | → | 应力场方向 |

图 1.8(续)　西非和周边地区三叠纪以来大地构造演化示意图

（1）西北非裂陷、中大西洋开始扩张阶段

三叠纪全球进入新一轮超大陆旋回,全球板块格局发生了重大变革,冈瓦纳大陆和劳伦大陆开始裂解分离,区域应力场从汇聚挤压为主转变为伸展拉张(Ford and

Golonka,2003)。在冈瓦纳大陆内部,因地幔深部低速层和佛得角热点(地幔柱)活动(Golonka and Bocharova,2000;Hames et al.,2003;Wilson,1997),西北非洲晚古生代断裂系统重新活化(图 1.8)。

地层及地质年代数据表明,沿西北非洲对岸的北美大陆边缘的大多数玄武质岩浆作用均发生于距今 202~200 Ma 相当短的时限内,岩浆活动时间大约发生在裂陷作用开始后的 25 Ma。强烈的岩浆活动形成大量 NE—SW 走向的玄武岩岩墙群(Wilson,1997)。西班牙富埃特文图拉(Fuerteventura)岛发现年龄 169~178 Ma 的地层不整合在大洋玄武岩之上,说明中侏罗世 Aalenian—Bajocian 期中部大西洋已经拉开。

(2)西南非裂陷、南大西洋开始扩张阶段

晚侏罗世开始,受南美和非洲板块之间的 Tristan 地幔柱的影响,冈瓦纳大陆中现今的南大西洋区域开始裂陷(图 1.8)(Wilson and Guiraud,1992)。同西北非一样,裂陷作用具有南早北晚的穿时特征,由此造成西南非海岸盆地形成发育时间也是南早北晚。

早白垩世阿普特(Aptian)中晚期南美板块和非洲板块开始拉开。裂开之初,在南大西洋两岸海平面附近发育大量喷发组分为洋壳的地表玄武岩流,因其在地震剖面上具有向洋一侧倾斜反射特征,英文中称其为 SDR。其中南大西洋 SDR 宽200 km,厚达 7 km(Jackson et al.,2000)。受 Walvis Ridge 阻挡,南大西洋南部大洋的海水周期性涌入南大西洋北部地区,在 SDR 两侧的海岸盆地中形成广泛分布的阿普特(Aptian)—阿尔布(Albian)阶盐岩。

晚白垩世以来,随着洋中脊进一步扩张和大洋盆形成,海底喷发形成大量洋壳,南大西洋进入完全扩张阶段(图 1.8)。

(3)赤道大西洋走滑拉分,中、南大西洋连通阶段

由于中、南大西洋的分段差异扩张(Fairhead and Binks,1991)和印度洋的快速扩张,在早白垩世晚期,中非断裂带呈右行平移剪切运动(魏永佩和刘池阳,2003),其西侧的 Saint Paul、Romanche 和 Chain 断裂带也开始呈右行平移运动(图 1.8),赤道非洲地区由此进入早白垩世阿普特(Aptian)期开始的内克拉通转换阶段和洋陆转换阶段,科特迪瓦、贝宁海岸等转换边缘盆地开始形成(Basile et al.,1998,2005)。早白垩世末,因 Biscay 海湾张开造成 Iberia 板块旋转并与西北非洲轻微碰撞,导致贝努埃地区早白垩世末期隆升(Bonatti,1996),赤道非洲科特迪瓦和贝宁海岸盆地也见显著的角度不整合面。

晚白垩世初,非洲陆块和南美陆块完全分离,赤道非洲地区完全进入被动大陆边缘阶段(图 1.8)。此时整个中大西洋、南大西洋和赤道大西洋完全贯通(Brownfield and Charpentier,2006a),构造运动相对平缓,以沉积盖层发育重力构造作用或盐构

造作用为主(Coterill et al.,2002)。

（4）晚白垩世挤压隆升剥蚀阶段

晚白垩世三冬(Santonian)晚期，全球板块发生了同时性的重组，非洲-阿拉伯板块反时针旋转向北漂移，非洲板块和欧亚板块碰撞作用加强，非洲板块内部出现了南北向、北东—南西方向挤压(图 1.8)(Guiraud and Bosworth，1997；Guiraud et al.，2005)。这一时期区域性挤压事件对西非海岸盆地群也产生了重要影响，在尼日尔三角洲、里奥姆尼、西北非洲和奥兰治等盆地都出现了强烈的隆升剥蚀并形成了显著的角度不整合面。

（5）新生代挤压隆升剥蚀阶段

渐新世—早中新世，非洲板块和 Iberia 板块碰撞形成 Rif-Betic 造山带(童晓光和关增森，2002)，红海和亚丁湾张裂及减薄更加显著，出现了狭长的初始洋壳，代表大洋裂谷的开始发育阶段，并由此产生 NE—SW 向挤压。非洲大陆特别是西非地区处于挤压状态，非洲大陆快速增生，加上全球海平面快速下降，导致广泛的海退和沉积间断，形成了中新统底部区域性的角度不整合面(Seranne and Anka，2005)，并在西非海岸盆地沉积了中新世的海相碎屑岩和深海扇。

2）动力学背景与盆地成因

自泛非造山运动末期，即早寒武世前后(距今约 530 Ma)冈瓦纳大陆形成以后，非洲大陆一直处于稳定的冈瓦纳大陆内，由于没有受到冷的俯冲板块的影响，从而形成了非洲大陆比较独特的深部地幔、岩石圈结构，在非洲大陆刚性岩石圈之下的核幔边界附近长时间发育大规模的低速热物质，并一直保持这种热状态(Grand et al.，1997)；但深部地幔的热反应十分复杂，不是简单地变得越来越热。另外，由于没有俯冲板块的冷却作用及缺乏俯冲板块产生的驱动力，非洲板块相对于下伏地幔的运动比较缓慢，从而使得非洲大陆岩石圈与下部的深层地幔热柱间耦合得较好。尽管在经历了 200 Ma 冷却作用后，无法从非洲板块之下深部地幔获得热量，但是深部地幔还是使其逐渐变热了一些。

尽管地壳破裂仅发生在中侏罗世(Guiraud et al.，2005)，但是冈瓦纳大陆破裂可能在晚石炭世就开始了(Bumby and Guiraud.，2005)。前人研究认为在冈瓦纳大陆内部发生了 3 期裂陷作用：从晚石炭世到中侏罗世，从晚侏罗世到早白垩世，以及从晚始新世到早中新世(Guiraud and Bellion，1995；Wilson and Guiraud，1998；马君等，2008)。

到了晚三叠世(距今约 0.2 Ga)前后，冈瓦纳大陆下面发育了 8 个地幔热柱并顶穿了非洲板块岩石圈(图 1.1)，且各自对非洲大陆的演化起到不同的重要作用。Karoo 热柱和 Afar 热柱对非洲油气系统发育起着最重要的作用，使得在距今 183～133

Ma 之间裂陷盆地广泛发育,造成同期板内火山广泛喷发,现今无论是在大陆内部还是在大陆边缘,所发现和开发的油气均是这些热柱作用的结果。

Tristan 热柱和 Afar 热柱对非洲边缘的形成和演化起到更加显著的作用(马君等,2008)。在距今 180～133 Ma 之间,非洲大陆、南美大陆及阿拉伯大陆内开始广泛发育裂陷盆地,这正是 Tristan 热柱作用的结果。随着裂陷作用的不断发展,伸展主应力区逐渐从减薄地壳区向外推移,逐渐过渡到溢流玄武岩喷发的初始洋壳(过渡壳),直至海底扩张作用开始后出现正常洋壳,南美洲与非洲大陆反向旋转离开,南大西洋及西非被动大陆边缘形成。

早渐新世(距今约 31 Ma)的 Afar 热柱起到将非洲大陆"焊接"、固定的作用。岩浆上涌、喷发,使非洲大陆多处陆地和浅海区发生大规模隆起、抬升,加上全球性海平面下降及东南极洲冰川作用等的共同影响,使非洲大陆遭受强烈的剥蚀作用,许多地方前寒武纪地层出露地表。同时在该热柱发展后期,形成一个最新的三叉裂谷(埃塞俄比亚裂谷、亚丁湾裂谷、红海裂谷),并喷发巨量岩浆。对西非被动大陆边缘而言,非洲大陆隆升、剥蚀作用将大量硅质碎屑物通过大型河流带到大陆边缘并堆积下来,形成了西非边缘巨厚三角洲或深水扇沉积。同时,这些厚层沉积负载又进一步加强了西非边缘向西(朝海方向)掀斜。

Tristan 热柱的作用不是将上覆板块固定,而是使其隆升并使板块分离,其性质等同于主动裂陷作用。在 Tristan 热柱喷发(距今约 133 Ma)后不久,南大西洋及西非边缘开始产生(距今约 126 Ma)。由于该热柱沿先存基底软弱带上涌、喷发,热柱头冠施加在软弱岩石圈底部形成的向上及向两侧的推挤力大于固定板块的力,热柱上方形成了扩张中心。这种向两侧的推挤力在扩张中心一旦形成便更有助于非洲和南美板块的分离,也有助于加强大西洋的扩张、西非被动大边缘的形成及由南向北的扩展。而 Afar 热柱则是将非洲岩石圈板块固定、"焊接"起来,使得本身运动速率较慢的非洲板块变得更慢。在这种动力学背景下,稳定的非洲板块之下会逐渐形成新的浅层地幔对流循环系统,从而在非洲板块表层形成盆地、隆起,即陆内裂谷系和板内火山岩系等(图 1.9)。

从西非地区板块构造演化可知,非洲西海岸盆地群主要与 Pangea 超级大陆的裂解,以及北美、南美、印度、澳大利亚等板块与非洲板块的分离有关,裂解、分离和漂移的时代主要发生在中新生代,盆地类型包括被动大陆边缘盆地(倾向离散-裂陷型边缘叠合盆地)和转换边缘盆地(转换离散-裂陷型边缘叠合盆地)两种(Lehner and Ruiter,1977;Clemson,1997;Mann et al.,2003)。前者包括西北非的塔尔法亚、塞内加尔盆地和西中南非的杜阿拉、里奥姆尼、加蓬、下刚果、宽扎和西南非海岸等盆地,后者主要是赤道地区的科特迪瓦、贝宁海岸盆地等。它们的共同特点是盆地演化都经历了河湖相沉积为主、同沉积断层发育、构造相当不稳定的裂陷期(Крълов,2004),以及海相沉积、盆地以热沉降为主的漂移期两个

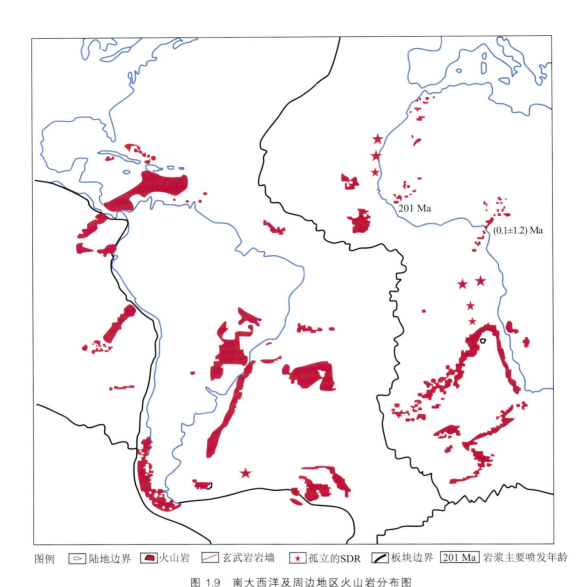

图例 ▱陆地边界 ◣火山岩 ▱玄武岩岩墙 ★孤立的SDR ◢板块边界 201 Ma 岩浆主要喷发年龄

图 1.9 南大西洋及周边地区火山岩分布图

（据 Hames et al.,2003;Jackson, 2000; Black and Girod,1970; Kuepouo et al., 2006 等资料综合编制）

演化阶段,两个阶段之间以破裂不整合面为界(杨川恒等,2000)。它们的主要区别是,前者盆地的走向与洋中脊平行,漂移期海相地层层序基本不受基底构造和岩浆作用的影响;后者盆地走向与洋中脊垂直,遭受过强烈的水平剪切作用(曹洁冰和周祖翼,2003),断裂活动更加强烈,边缘基底隆起或者侵入体与洋壳裂缝带紧密相关。

西非大陆边缘的多数盆地发育阿普特(Aptian)期盐岩,尤其是在西非大陆边缘的中部,盐岩的发育对盆地的油气成藏起到非常重要的控制作用,这些盆地通称为"Aptian 盐盆"(Edwards and Bignell,1988),包括加蓬、刚果、宽扎、里奥姆尼等盆地。

这些盆地北部以尼日尔三角洲南部为界,南部以早白垩—全新世一直活动的 Walvis Ridge 火山活动带为界,东部以沉积盆地的东部断裂边缘为界,西部大约以 4 000 m 水深处为界。这些盆地的形成均与晚侏罗世以来冈瓦纳大陆裂解、非洲板块与南美板块分离,以及南大西洋的形成、扩张密切相关,具有相似的构造特征和沉积特征,是典型的大西洋边缘盆地(Clifford,1986)。

1.2 加蓬盆地区域构造特征及演化

1.2.1 区域构造特征

加蓬盆地作为西非海岸"Aptian 盐盆"之一,在大地构造上位于古刚果和圣保罗克拉通之间的缝合带上,分布在北纬 1°和南纬 4°之间,主体位于加蓬境内,赤道几内亚和喀麦隆有少部分。加蓬盆地总面积为 12.8×10^4 km²,分布范围从陆上至南大洋 2 000 m 水深以上,其中陆上面积约 8.2×10^4 km²,海上面积约 4.6×10^4 km²。加蓬盆地北部以阿森松(Ascension)断裂为边界与里奥姆尼(Rio Muni)盆地相隔,南部以马永巴(Mayumba)断层带与下刚果盆地相隔。加蓬盆地具有双重基底结构,即前寒武系结晶基底及前白垩系褶皱基底,沉积盖层主要由白垩系以来的沉积地层组成,最大沉积厚度约为 15 000 m,其中白垩系沉积厚度达 6 000~10 000 m。加蓬盆地的构造格局总体受 NW—SE 向、NE—SW 向两组近于垂直的断裂体系控制,形成具有东西分带、南北分块的构造格局(Teisserenc and Villemin,1990;陈安清等,2014;黄兴文等,2015a,b),可划分为 4 个二级构造单元,即内次盆、北加蓬次盆、南加蓬次盆和兰巴雷内(Lambarene)隆起(图 1.10)。

加蓬盆地现今的构造格局是在裂陷期伸展构造体系基础上演化而来的,之后的构造-沉积又受到盐构造的影响。裂陷期与板块拉张伸展作用有关的 NW—SE 向断裂体系是加蓬盆地的主要断裂体系。盆地的东西分带正是受该断裂体系所组成的三大构造枢纽带控制,从老到新、从东向西依次为第 I、第 II、第 III 枢纽带(Brink,1974)。第 I 枢纽带形成于晚侏罗世末,在板块拉张伸展作用影响下,发育同生断裂进而形成断陷盆地,发育南加蓬次盆赛特-卡马凹陷、维阿凹陷和东北部的内次盆等构造单元。至早白垩世阿普特(Aptian)期,第 II 枢纽带的发育形成了北部的兰巴雷内(Lambarene)隆起和南部的 Gamba 高,在裂陷断层的控制下盆地进一步向西扩展,奠定了盆地东西分带的基础。第 III 枢纽带又称大西洋枢纽带,形成于晚白垩世至古新世的被动大陆边缘盆地阶段,其形成与深部裂陷大断裂有关,是盆地差异沉降形成的一个挠曲带,该带东部为厚的浅水台地沉积,西部为薄的深水陆棚沉积。NE—

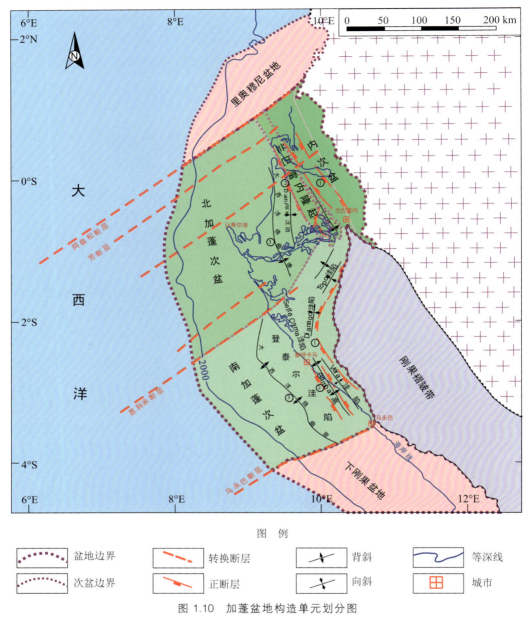

图 例

图 1.10 加蓬盆地构造单元划分图

①—第Ⅰ构造枢纽带；②—第Ⅱ构造枢纽带；③—第Ⅲ构造枢纽带

SW 向断裂体系是板块分离过程中产生的一系列呈雁行式排列的转换断层。部分断裂带的规模较大，一直延伸至洋壳，并与洋中脊转换断层相接，如盆地北部的阿森松（Ascension）断层和芳（Fang）断层、中部的恩科米（N'Komi）断层及南部的马永巴（Mayumba）断层，这些大的转换断层致使盆地呈南北分块的特点。

1）裂陷构造特征

（1）内次盆裂陷构造特征

内次盆(interior sub-basin)长约 200 km，宽约 70 km，地处加蓬盆地的东北部靠近大陆的一侧。NW—SE 向和 NE—SW 向两组主要断裂对加蓬内陆盆的构造展布有重要的控制作用。其中大型 NW—SE 走向的轴向断层将内次盆分为两部分，在坎戈(Kango)北侧，沉积层序为复杂的单斜地层，南侧盆地为不对称的半地堑结构特征。N'Toum 地堑分布在 Kango 高的南侧，兰巴雷内(Lambarene)隆起在 N'Toum 地堑的南侧。盆地基底呈现明显的垂向块体运动，造成伸展正断层下盘的上升及上盘的下降(Mounguengui and Guiraud，2009)。

（2）南加蓬和北加蓬次盆裂陷构造特征

南加蓬次盆和北加蓬次盆裂陷期发育以 NW—SE 向展布的地堑、半地堑及垒堑相间的构造格局。其中，沿 Gamba-Lucina-Kaba 高一线分布的系列构造高是南加蓬次盆的主要的基底构造(图 1.11)，在其两侧发育受断层控制的地堑、半地堑，如东侧的 Dianongo 凹陷、Vera 凹陷和西侧的 Dentale 凹陷。与南加蓬次盆不同，北加蓬次盆的主体位于海域，与内次盆由兰巴雷内(Lambarene)隆起分隔。

2）盐构造特征

由于盐密度较小、抗压强度较弱及弹性模量较小，在埋藏过程中容易发生流变。地震资料和钻井揭示，埃詹加(Ezanga)盐岩的流动变形形成了大量的盐构造，从轻微上隆的盐丘到隆起幅度高达几千米的刺穿盐丘，主要类型包括盐丘、盐株、盐墙、盐柱、盐背斜和盐枕等。盐构造类型受区域构造的控制亦有东西分带的特征，在第Ⅲ枢纽带附近，受两组断裂体系构成的拉扭作用和陡坡的影响，形成大量张性断裂，以发育底辟刺穿的盐株为主，其东侧发育小型的盐丘、盐枕，其西侧以发育大型的盐墙、非刺穿低幅盐劈背斜为特征。按盐构造形成的应力场可分为挤压成因的盐构造和伸展成因的盐构造两种类型(Teisserenc and Villemin，1990；赵鹏等，2013；陈安清等，2014；徐睿和奥立德，2016)。地震剖面解析表明，加蓬盆地主要发育伸展成因的盐构造，挤压成因的盐构造较少。以盐构造是否发生大幅度的位移，又可分为原地盐构造和异地盐构造。本研究区多以简单的原地盐底辟上拱形成的相关构造为主，至今仍然保持着区域性连片的特征。从盐底辟上拱作用是否与沉积作用同时发生作为判识标志，加蓬盆地盐构造总体属于边沉积边活动同沉积类型。从盐底辟速率与沉积速率关系分析看，此时期大部分盐底辟上拱速率等于或略大于沉积速率(图 1.12)，盐柱或盐墙阻碍了沉积作用，造成砂体围绕盐刺穿周围沉积。

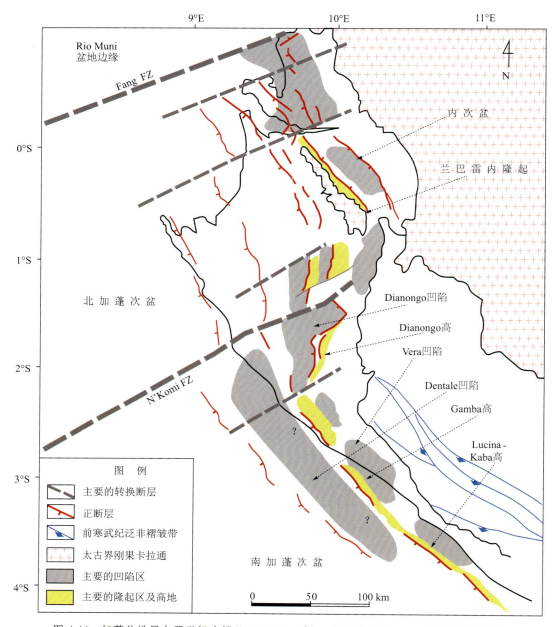

图 1.11　加蓬盆地早白垩世纽康姆（Neocomian）期—晚巴列姆（Barremian）期构造格局图

（据 Mounguengui and Guiraud,2009）

　　综合分析盐构造形态、盐构造形成的区域动力场、盐底辟与沉积作用的关系，可从盐沉积以来，将盐构造演化划分为 4 个阶段：① 盐沉积阶段，对应于阿普特（Aptian）期盆地的过渡演化阶段，应力场由裂陷期的强拉张转化为缓慢拗陷沉降，盆地与大洋的连通受限，水体的蒸发速率大于补给速率，盐大范围沉积形成连片分布的厚层盐岩；② 盐早期埋藏阶段，与阿尔布（Albian）期—土伦（Turonian）期盆地

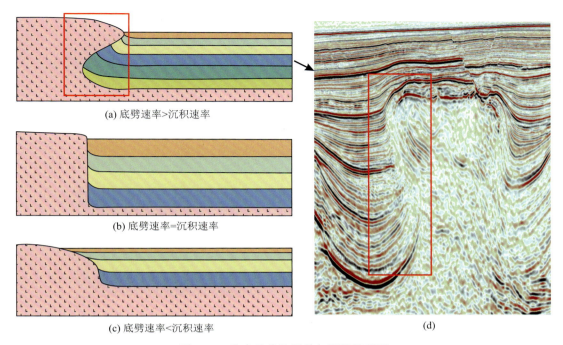

(a) 底劈速率>沉积速率

(b) 底劈速率=沉积速率

(c) 底劈速率<沉积速率

(d)

图 1.12　盐底辟构造及其与沉积关系图

弱拉张及缓慢而非均衡的东升西降构造背景相一致,盐层序发生微弱的流动变形; ③ 盐底辟上拱活跃阶段,对应于康尼亚克(Coniacian)期—始新世早期的第Ⅲ枢纽带构造作用活跃期,区域拉张伸展作用增强,东部抬升幅度较大,两组断裂体系形成拉扭张性断裂,引发大量的盐岩底辟上拱,大部分盐底辟速率约等于沉积速率,形成典型的伸展背景下的盐构造序列;④ 中新世以来为相对稳定背景的盐演化阶段,底辟上拱速率远小于沉积速率,盐构造对沉积的控制作用不明显,盆地东、西重力滑脱导致的拉伸作用和挤压作用强度不大。

1.2.2　区域构造演化

加蓬盆地处于南大西洋东岸,其形成演化与冈瓦纳大陆裂解、非洲板块与南美板块分离密切相关。现今的南大西洋两侧在非洲板块与南美板块裂解早、中期形成了一系列拉张型裂谷盆地,之后随着南大西洋的打开、扩张,转化为典型的被动大陆边缘盆地(Heine et al.,2013)。位于南大西洋西非一侧的加蓬盆地整体经历了裂陷阶段、过渡阶段和漂移阶段 3 个构造-沉积演化阶段(图 1.13 和图 1.14)。

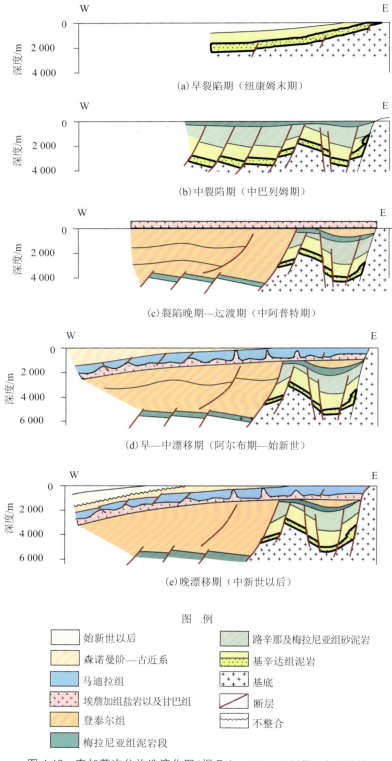

图 1.13　南加蓬次盆构造演化图（据 Teisserenc and Villemin,1990）

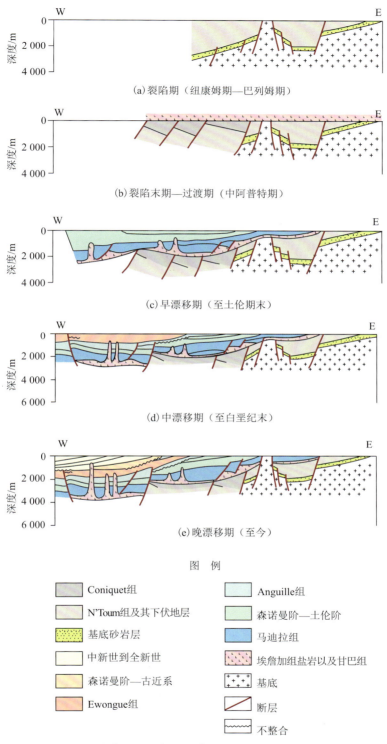

(a) 裂陷期（纽康姆期—巴列姆期）

(b) 裂陷末期—过渡期（中阿普特期）

(c) 早漂移期（至土伦期末）

(d) 中漂移期（至白垩纪末）

(e) 晚漂移期（至今）

图　例

Coniquet组		Anguille组	
N'Toum组及其下伏地层		森诺曼阶—土伦阶	
基底砂岩层		马迪拉组	
中新世到全新世		埃詹加组盐岩以及甘巴组	
森诺曼阶—古近系		基底	
Ewongue组		断层	
		不整合	

图 1.14　北加蓬次盆构造演化图（据 Teisserenc and Villemin, 1990）

1.3 加蓬盆地区域地层充填

1.3.1 地层充填特征

加蓬盆地沉积层序具有明显的三分性,包括盐下层系、盐岩层和盐上层系。早白垩世初始裂陷阶段,加蓬断陷盆地开始形成,发育河流、三角洲和湖相沉积体系;至早白垩世中晚期盆地进入断-拗转换的过渡演化阶段,早期沉积了一套准平原化背景之下的甘巴(Gamba)砂岩,之后以发育埃詹加(Ezanga)盐岩沉积为特征;早白垩世末期盆地进入漂移演化阶段(或称为被动大陆边缘演化阶段),在盐上沉积了一套海相沉积,早期以陆架边缘碳酸盐岩沉积和近岸滨、浅海碎屑岩沉积为主,晚期则发育有半深海-深海相沉积(图 1.15)。由于本书以加蓬深水盐下地层为重点,故主要详解盐下下白垩统地层特征,关于盐上地层特征不做详细说明。

1) 裂陷阶段地层充填特征(晚侏罗世——早白垩世阿普特期)

受 NW—SE 向拉伸作用的影响,加蓬盆地前寒武纪结晶基底和前白垩纪褶皱基底发生强烈的伸展断陷,整体上形成了地堑与地垒相间的构造格局。受区域裂陷作用南强北弱的影响,此时的恩科米(N'Komi)断裂带表现为受两侧差异拉伸作用形成的撕裂断层。以中部恩科米(N'Komi)断裂带为界,加蓬盆地断陷期构造变形作用也显示出南强北弱的特点(图 1.11)。南加蓬次盆裂陷作用强、范围广,基本形成了现今盆地盐下隆坳相间的构造格局;而北加蓬次盆裂陷作用弱、规模小,基本局限在内次盆、兰巴雷内(Lambarene)(此时为一个地垒)及南侧毗邻区(Mounguenguia and Guiraud,2009;邱春光和刘延莉,2012)。依据裂陷作用的强度和构造-沉积特征的变化,可以进一步将加蓬盆地裂陷阶段划分为 3 个期次,依次为裂陷早期、裂陷中期和裂陷晚期(图 1.15)。

在裂陷作用开始阶段,加蓬盆地广泛发育了一套河流相砂岩沉积覆盖于基底之上;随着湖平面的上升,逐渐以细粒沉积为主,沉积了基辛达(Kissenda)组泥岩、路辛那(Lucina)组湖相浊积砂岩(在北加蓬次盆与之相当的为 Welle 组和 Fourou Plage 砂岩)。基辛达(Kissenda)组和与之相当的 Welle 组在裂陷中部为深湖相沉积。早白垩世纽康姆(Neocomian)后期开始湖盆急剧扩张,沉积基准面快速上升,发育以细粒湖相泥岩沉积为主的梅拉尼亚(Melania)组;至中巴列姆(Barremian)晚期,裂陷作用开始减弱,湖泊扩张达到顶峰,在梅拉尼亚(Melania)组上段沉积了一套黑色页岩,披覆于早期的垒堑构造之上(Chaboureau et al.,2013)。该套黑色页岩是西非广泛

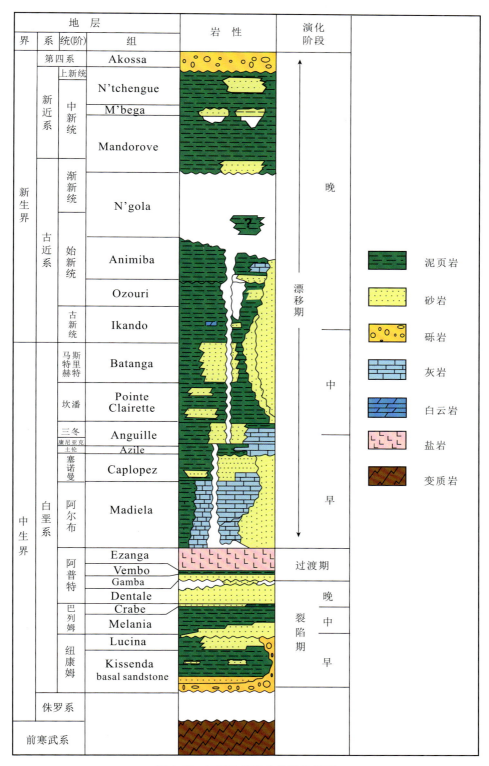

图 1.15　加蓬盆地综合地层柱状图

发育的优质烃源岩。受构造活动差异性控制，南、北加蓬次盆沉积作用也存在明显不同（刘延莉等，2008；黄兴文等，2015c）。北加蓬次盆裂陷作用弱，湖相沉积局限分布于内次盆及周边，在现今的深水区域可能为物源区和河流三角洲沉积区；而南加蓬次盆裂陷作用较强，断陷规模大，湖相沉积广泛分布（图 1.11）。

大约自晚巴列姆（Barremian）期开始，盆地进入裂陷晚期。该阶段最显著的构造特点是构造沉降中心向西迁移（Brink，1974），同时湖盆逐渐萎缩，沉积基准面下降，盆地近于过补偿沉积，广泛发育河流-三角洲相沉积，沉积了巨厚的登泰尔（Dentale）组，在现今的陆上—浅水区可达 1 500 m，而在南加蓬次盆深水区厚度 2 000～3 000 m（Karner et al.，1997）。由于拉张、沉降作用仍保持南强北弱的态势，盆地整体继承了早期南低北高的古地理背景，北加蓬次盆河流-三角洲相沉积较南加蓬次盆更为发育。北加蓬次盆几乎全为河流-三角洲相沉积所覆盖；南加蓬次盆在现今的陆上—浅水区以冲积扇和冲积平原沉积为主，至现今的深水区逐渐过渡到三角洲-浅湖相沉积。该时期恩科米（N'Komi）断裂带可能表现为一个物源输送通道，将来自东部的沉积物长距离搬运至南加蓬现今的深水区，致使靠近断裂带的三角洲体系向前推进得更远（黄兴文等，2015c）。

阿普特（Aptian）早期南大西洋开始裂开，盆地基底抬升发生构造反转作用，致使盆地整体进入准平原化作用，东部（主要是内裂陷带和中部隆起带）整体抬升剥蚀，局部地区登泰尔（Dentale）组剥蚀殆尽（图 1.16），形成广泛的"破裂不整合"，标志着裂陷期的结束。

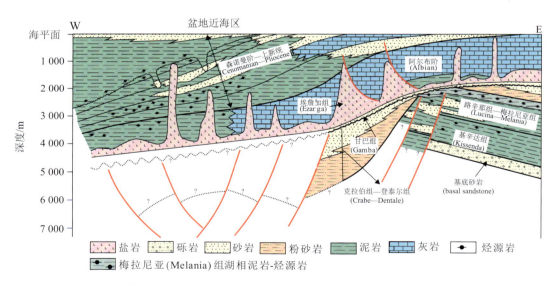

图 1.16　过南加蓬盆地地质剖面图（据 Brownfield and Charpentier，2006 修编）

2）过渡阶段地层充填特征（早白垩世阿普特中晚期）

早白垩世中期加蓬盆地整体处于准平原化背景之下，构造相对稳定，发育了甘巴

(Gamba)组沉积,在盆地中东部地区与下伏地层呈高角度不整合,向西逐渐过渡为平行不整合和整合接触。甘巴(Gamba)组以河流-三角洲相沉积为主,仅在外裂陷带西部发育浅湖相沉积。钻井揭示,在陆上及浅水区为辫状河-三角洲相沉积,虽然厚度较薄(0~60 m),但呈席状广泛分布;在深水区以三角洲-浅湖相沉积为主,厚度较大。

随着南大西洋的持续拉开,盆地基准面上升,沉积了韦姆波(Vembo)组泥岩。受 Walvis Ridge 的影响(图 1.3),南侧的海水周期性地涌入北侧的沉积盆地,由于气候干旱,主要发育局限环境的潟湖相沉积,沉积了一套埃詹加(Ezanga)组蒸发岩层序,沉积厚度在 200~4 000 m 之间,是一套良好的区域盖层,也是漂移期重力滑脱构造发育的塑性拆离层。

3) 漂移阶段地层充填特征

大西洋形成以后,南美和非洲板块分别向两侧漂移,加蓬盆地进入被动大陆边缘盆地演化阶段。可能受早白垩世晚期中非断裂带右行平移剪切运动和赤道段大西洋拉分的影响,约在土伦(Turonian)期末恩科米(N'Komi)断裂带开始发生强烈的右旋走滑作用。盆地漂移期发育海相、海陆交互相或过渡相沉积地层,主要岩性是海相泥岩、页岩,以及滨浅海-三角洲相砂岩、浊积砂岩、泥灰岩、碳酸盐岩、盐岩等,厚度一般在 5 000 m 以上(高君等,2012)。漂移期地层分区明显,陆架区主要是海相碳酸盐岩、泥岩、页岩、泥灰岩,以及滨浅海相砂岩、盐岩等;大陆坡盆地相主要发育深海泥岩、页岩、深海硅质岩和海底扇砂岩。

1.3.2　区域沉积背景

加蓬盆地是发育在前寒武纪结晶基底及前白垩纪褶皱基底双重基底上,经历了陆内裂陷期、过渡期及漂移期而发展起来的陆内裂陷和被动大陆边缘复合型盆地。在早白垩世贝里阿斯(Berriasian)期—巴列姆(Barremian)期裂陷期以充填冲积扇、河流、湖泊及三角洲等陆相沉积;阿普特(Aptian)早期裂陷作用结束,海水由南向北入侵,加之气候较为干旱,盆地水体蒸发作用强烈,发育海陆过渡的潟湖-潮坪相沉积;阿普特(Aptian)晚期—阿尔布(Albian)期被动陆缘盆地形成,主要发育海相碳酸盐岩和泥页岩沉积(图 1.17)。

在平面上盐下裂陷期沉积分布主要受控于各级边界断裂所控制的隆坳格局,凸起区[如兰巴雷内(Lambarene)隆起]以剥蚀作用为主,凹陷区发育冲积扇、河流、三角洲、滨浅湖、深湖及半深湖沉积(图 1.18),且不同时期盆地的沉降中心和沉积中心持续变化,总体表现为由南部向北部、由陆上向海上迁移。早白垩世的主要沉降中心和沉积中心位于南加蓬次盆的中南部;晚白垩世—第四纪的主要沉降、沉积中心位于北加蓬次盆的西部海域。

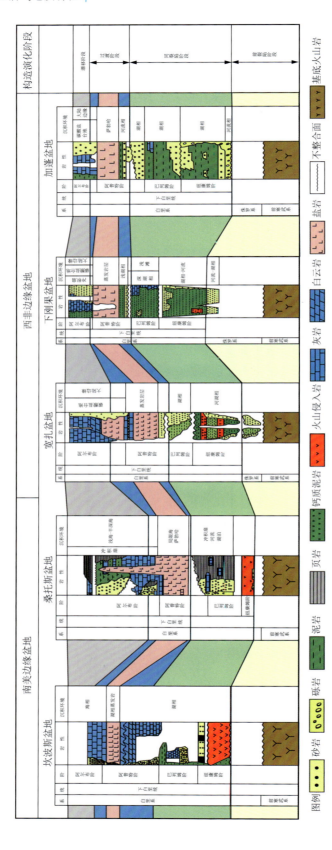

图1.17　加蓬盆地及其他相关盆地沉积演化

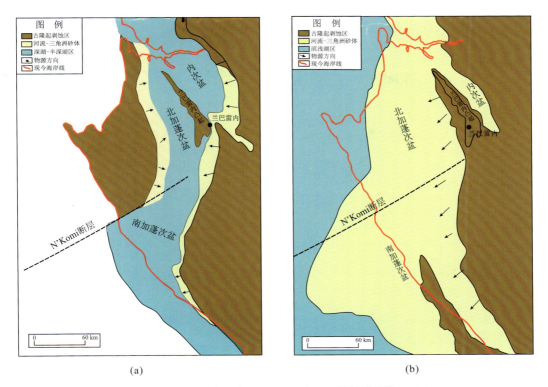

图 1.18 加蓬盆地基辛达(Kissenda)组(a)(据刘延莉等，2008)和

登泰尔(Dentale)组(b)沉积期沉积体系分布图

第 2 章
深水区主要构造特征

加蓬盆地是在前寒武纪结晶基底和前白垩纪褶皱基底的双重基底之上发育起来的,其构造演化经历了白垩纪早期贝里阿斯(Berriasian)期—巴列姆(Barremian)期的裂谷阶段、阿普特(Aptian)期—阿尔布(Albian)期的过渡阶段、森诺曼(Cenomanian)期及其后的漂移阶段等复杂的过程,形成了裂陷构造层序与漂移构造层序叠合而成的被动大陆边缘盆地。其中,深水区地质研究程度低,主要目的层位于巨厚盐岩之下,反射能量弱,信噪比低,且地层变形复杂,导致其盐下断裂解析难度大,特别是基于地震剖面的断层识别和空间组合十分困难(阳怀忠等,2018)。为此,在盆地的整体构造格局及构造演化、沉积充填演化历史分析的基础上,建立盆地区域构造格架,分析其区域构造背景及应力场变化关系,进而构建盆地内隆坳分布及不同构造带发育分布规律的原型地质模型,用于指导深水区主要构造特征的研究。

2.1 断裂体系解析

针对深水区盐岩的重要影响,在研究过程中通过应用特殊的地震资料处理技术——Flater 叠前深度偏移技术,在一定程度上消除了盐岩速度变化造成的影响,且使绕射波收敛,能突出反映断层存在的断面波,并使地层的错断特征更为清晰。但总体而言,地震剖面上断层特征仍不够"干净",假象较多,基于同相轴井字形追踪闭合的常规断裂解释方法效率低下,且主观性强,所解释断层的准确性难以保证。因此,如何充分挖掘现有地震资料,从中提取出能反映断层存在的有用信息,并与常规地震剖面的断层解释相结合,是解决断裂解释难题的关键。基于此思路,本研究中采用了能突出地层不连续性、弱化地层连续性的相干体技术、方差体技术、倾角与方位角技术以及模仿大自然中蚂蚁群体觅食行为的蚂蚁体追踪技术,通过对同一等深面的相干体切片、方差体切片、倾角方位角等属性的融合切片以及蚂蚁体切片的综合比较,建立了一套适于本研究区特殊地质背景下的断裂体系综合识别解释方法,较好地解决了不均衡盐岩屏蔽下的复杂断裂体系研究难题,也为其他类似地质条件下此类问题的研究提供了有益参考。

2.1.1　相干体分析技术

1)相干体技术原理

相干体是指由三维地震数据体经过相干处理而得到的一个新的数据体,其基本原理是在三维数据体中,在每一道每一样点处小时窗内求解该点所在道与相邻道波形的相似性,形成一个表征相干性的三维数据体,即计算时窗内的数据相干性,并将计算结果赋予时窗中心样点。地震相干体技术是近年来发展起来的一项功能能强大的地震解释应用技术,主要应用于区域构造与沉积背景分析和隐蔽性油气藏的勘探开发地质评价。虽然地震相干计算技术用于估算反射界面的倾角、计算折射静校正和剩余静校正,以及种子点层位自动拾取等已有 30 多年的历史,但应用于地震解释分析的时间还不算太长,其初衷是计算道与道的互相关联程度,以便了解相互重合的两块三维工区的地震资料是否相互影响,结果得到了一种能反映地层不连续性的属性,其发展成为自 20 世纪末以来地球物理方法重大的进步之一(苑书金,2007;杨金政,2010)。

地震相干数据体技术是利用地震数据来计算各道之间的相关性(求同存异),突出不相关的数据。通常认为,在原始沉积形成的地层中层序界面在横向上是连续的,即使有微小的变化也呈现一种渐变的过程,因此地震波形具有横向相似性。地震资料中存在的噪声以及地层岩性变化、断层和裂缝发育带等都会影响地震道之间的相关性。在反射波法地震勘探中,由震源激发的脉冲波在向下传播过程中遇到波阻抗分界面时,根据反射定理和透射定理发生反射和透射,形成地震波。地震波在横向均匀的地层中传播时,由于各相邻道的激发、接收条件十分接近,反射波的传播路径与穿过地层的差别极小,且在实际地震数据采集过程中会根据情况进行多道叠加,在消除多次波、侧面波等影响的同时,在一定程度上也抹除了有效波的一些信息。因此,如果不存在断层或其他因素的影响,同一反射层的反射波走势会非常接近,表现在地震剖面上便是极性相同、振幅相当、相位一致,称为波形相似。相干数据体技术正是利用这种相邻地震信号的相似性来描述地层的横向不均匀性的。具体而言,当地下存在断层时,相邻道之间的反射波在传播时振幅、频率和相位等方面将产生不同程度的变化,表现为完全不相干或相干值较小;而对于横向均匀的地层,其相邻的数道反射波不会有太大差异,表现为完全相干或相干值较大(王涛,2009)。

相干体技术经历了从基于能量归一化互相关原理的第一代相干算法,到基于多道相似性原理的第二代相干算法,再到基于本征值结构的第三代相干算法的发展过程,目前仍处于蓬勃发展之中。

（1）第一代相干算法

经典的互相关算法即 C_1 算法,使用时滞互相关来估计主测线和联络测线方向的视倾角,并通过沿着两个视倾角的互相关系数获得相干估计,从而得到三维相干体。

设两个地震道 $x(N)$ 和 $y(N)$,它们的互相关和自相关函数分别为:

$$C_{12}(n,l) = \sum_{i=n-\frac{w}{2}}^{n+\frac{w}{2}} x(i)y(i-l)$$

$$C_{11}(n,l) = \sum_{i=n-\frac{w}{2}}^{n+\frac{w}{2}} x(i)x(i-l)$$

相干值为:

$$C_1(n,l) = \frac{C_{12}(n,l)}{\sqrt{C_{11}(n,l)C_{22}(n,l)}} \quad (n=0,1,2,\cdots,N-1)$$

对应三维数据体,相干值为:

$$C_1 = \sqrt{\frac{C_{12}}{\sqrt{C_{11}C_{22}}}\frac{C_{13}}{\sqrt{C_{11}C_{33}}}}$$

（2）第二代相干算法

第二代相干体以在速度谱计算中常用的多道相似性算法为基础,用椭圆或矩形范围内的多道相似系数计算代替仅沿 x 和 y 方向的少数道的互相关计算,椭圆或矩形范围内各道的时延值可用平面拟合法解决。它不仅利用波形振幅 u,而且利用波形振幅值的正交变换对应分量,使得输入计算的波形道长度可以小于一个完整周期(吴莹莹,2013)。具体原理如下:

$$C_2 = \frac{\sum_{t_0=t-T}^{t+T}\left[\sum_{j=1}^{M} X_j(t_0)\right]^2}{\sum_{t_0=t-T}^{t+T}\left[M\sum_{j=1}^{M} X_j^2(t_0)\right]}$$

即

$$C_2(\tau) = \frac{\sum_{t_0=t-T}^{t+T}\left[\sum_{j=1}^{M} X_j(t_0+\tau)\right]^2}{\sum_{t_0=t-T}^{t+T}\left[M\sum_{j=1}^{M} X_j^2(t_0+\tau)\right]}$$

该方法可以估算任意道数的相干性,在噪音处理上明显优于第一代相干算法,但也正因为其应用的道数较多,所以降低了横向分辨率,同时增加了计算时间。

（3）第三代相干算法

针对第一代、第二代相干算法的缺点,Gersztenkorn 和 Marfurt 在 1999 年提出了一种基于本征值结构的相干算法(C_3)。该算法引入了协方差矩阵,能够对任意道进行分析,并将协方差矩阵的主本征值比率作为相干估计值。

第三代相干体是通过计算地震数据体的本征值获得的(苑书金,2007)。在算法分析中,从给定的分析时窗内提取多道地震数据生成样点矢量,由这些样点矢量构成矩阵:

$$\boldsymbol{D}_{N \times J} = \begin{bmatrix} d_{11} & d_{12} & L & d_{1J} \\ d_{21} & d_{22} & L & d_{2J} \\ M & M & M & M \\ d_{N1} & d_{N2} & L & d_{NJ} \end{bmatrix}$$

该矩阵对应的协方差矩阵为:

$$\boldsymbol{C}_{J \times J} = \boldsymbol{D}_{N \times J}^{\mathrm{T}} \boldsymbol{D}_{N \times J} = \sum_{n=1}^{N} \boldsymbol{d}_n \boldsymbol{d}_n^{\mathrm{T}} = \begin{bmatrix} \sum_{n=1}^{N} d_{n1}^2 & \sum_{n=1}^{N} d_{n1}^2 d_{n2}^2 & L & \sum_{n=1}^{N} d_{n1}^2 d_{nJ}^2 \\ \sum_{n=1}^{N} d_{n1}^2 d_{n2}^2 & \sum_{n=1}^{N} d_{n2}^2 & L & \sum_{n=1}^{N} d_{n1}^2 d_{nJ}^2 \\ M & M & M & M \\ \sum_{n=1}^{N} d_{n1}^2 d_{nJ}^2 & \sum_{n=1}^{N} d_{n2}^2 d_{nJ}^2 & L & \sum_{n=1}^{N} d_{nJ}^2 \end{bmatrix}$$

该协方差矩阵是一个对称的、半正定矩阵,其所有的本征值大于或等于 0。计算协方差矩阵的本征值和本征向量,则基于本征值结构相干性估计可定义为:

$$C_3 = \frac{\lambda_{\max}}{\mathrm{tr}\, \boldsymbol{C}} = \frac{\lambda_{\max}}{\sum_{j=1}^{J} C_{jj}} = \frac{\lambda_{\max}}{\sum_{j=1}^{J} \lambda_j}$$

2) 相干体技术的应用

从前述算法中可以看出,第一代相干技术在横向上一般只沿 x 和 y 方向各取一道做互相关计算,这样虽然效率高,但是对于近直立的断层,如果断层两侧地震道波形相近,即使断层本身存在明显落差也无法反映;此外,它不利于压制噪声,特别是小范围内的相干噪声,使得计算结果普遍存在雪花状的干扰。尤其是这种计算互相关的方法,隐含在时间方向上计算时窗内地震道的振幅均值为零假设,对于有效波频率下限较低的地震资料,就要求相关时窗取较大值,这就不可避免地带来上、下目的层的相互干扰,影响了时间方向的分辨率(吴莹莹,2013)。若相关时窗过小,则计算结果又极易受噪音的影响。第三代基于本征值结构的相干算法对噪音非常有效,但并未考虑构造倾角对相干估计的影响,故在构造倾角比较大的区域不能得到较好的相干值,而本研究对象恰恰多为盐下裂陷阶段发育的拉张性高角度正断层,故研究中采用的是更符合研究区实际条件的第二代相干算法。

相干运算的优势之一便是参与运算的参数较少,主要影响因素包括参与运算的道数、相关时窗的长度、地层倾斜延迟时差、地震道的空间组合方式及其平面展布方位。

(1) 参与运算道数的选取

一般而言,参与计算的道数越多,计算时间就越长,平均效应也越大,对随机噪音的压制作用也越强,大断层的成像就越清晰,但也弱化了地质异常体的边界,从而降低了分辨率,此时突出的是大断层;相反,相干的道数越少,计算量相应减少,对噪声反映相对敏感,但会提高对地层边界、断层,特别是对小断层的分辨率,有利于对小断层的解释(杨金政,2010)。鉴于本研究中使用的地震资料信噪比较低,且目的层是处于盐下的勘探层系,断裂解释的主体为基底卷入的大型控凹或控洼的二级—三级断层,故综合评判选择 8 道参与运算。

(2) 分析时窗长度的选取

相干时窗的大小是指计算相干系数时,选择每道参与计算的采样点数。这一选择将会受到地震信号频率的制约,通常取半个周期($T/2$)到一个周期(T)。若相干时窗小于半个周期,则会因为相干时窗太小、视野窄而看不到一个完整的波峰或波谷,根据其计算出的数据异常反映噪音的概率比反映小断层的概率大。而当相干时窗大于一个半周期时,因为时窗过大、视野宽,将会取到多个地震反射同相轴,使得计算出的数据异常反映同相轴连续性的概率比反映断层的概率大,均衡了很多细小的变化,致使其达不到研究目的和要求,因为本研究提取相干体的目的就是突出不连续性而降低连续性。由此,相干时窗太大或太小都会降低我们对断层的识别能力。只有当相干半径接近于视周期时,断层和地层的反映效果才均比较理想(杨金政,2010)。根据研究区地震资料频率偏低的特点,本次采用的是 130 m 的时窗(深度域)。

(3) 地震道空间组合方式的选取

选择相干计算组合方式的基本原则是选用多少道进行相干计算及在何处选择这些道。选取道数的位置与实际地质分布情况密切相关,仅选取地质情况有变化的方向做相干效果才会更好。通常情况下,地震道的空间组合方式共有 8 种(杨金政,2010),如图 2.1 所示。

通过以上参数的设置提取相干数据体,并以相干数据体为输入数据应用水平切片技术得到不同深度的水平相干切片。由前述相关原理可知,在水平相干切片上显示为低相干值的黑色区域或条带,一般最有可能是发育断层的部位,当然也可能是岩性的变化、背景噪音等因素造成的低相干值区,还需结合地质分析排除这些非构造因素导致的低值区。为验证相干体技术在本研究区的有效性,根据研究目的层的厚度情况,分别制作 Z1、Z2、Z3 共 3 个深度(深度逐渐加深)的相干体切片

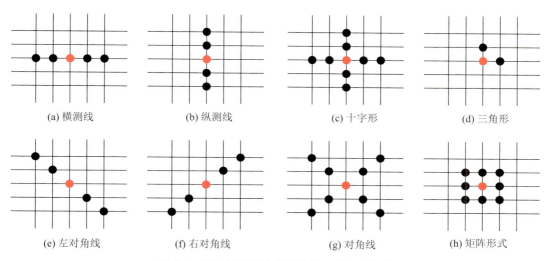

(a) 横测线　　(b) 纵测线　　(c) 十字形　　(d) 三角形

(e) 左对角线　　(f) 右对角线　　(g) 对角线　　(h) 矩阵形式

图 2.1　参与相干运算地震道的几种组合方式

（图 2.2），并在其上识别和解释断裂迹线，再沿主测线方向（研究区主测线方向垂直于构造走向，故断层在该方向特征更为明显）选择 4 条地震剖面，分别是 AA'、BB'、CC' 和 DD'（图 2.3）。其中图 2.3（a）的 AA' 剖面穿过了 $Z1$、$Z2$、$Z3$ 共 3 个深度相干切片，均可识别和解释出 2 条北北东—南南西走向的断层 f1 和 F3，且与其在剖面上的断层投点基本位于破碎带附近，平-剖面解释基本一致，证实相干切片显示出断层 f1 和 F3 迹线比较可靠。为进一步检验解释结果的可靠性，按同样的方法在另外 3 条剖面（图 2.3 中剖面 BB'、CC' 和 DD'）上进行解释，结果均证明该相干体切片识别断层比较可靠。特别是图 2.3（b）中所展示，尽管在该 BB' 剖面上已解释了 3 条断层，且解释结果较为可靠，但该剖面在 $Z1$ 和 $Z2$ 两个深度的相干切片上只显示存在 2 条断层迹象。认真对比发现，所解释出的断层 F2 在 $Z2$ 深度左右基本消亡，相干切片未切到该深度，这也从另一个侧面证明了相干切片对断裂的预测作用。因此，本研究中的断裂解释首先在相干切片上进行识别，然后根据剖面上断层的投点，并结合剖面上断层某些标志性特征，如地层的错断、产状的变化，以及断面波等一系列特殊标志开展断裂体系的系统解释，做到有的放矢，不仅提高了断裂解释的工作效率，同时还降低了盐下断裂解释的多解性。此外，通过对已识别解释出的基底反射界面提取沿层相干属性切片（图 2.4），在可靠的层位约束下，沿层相干的效果非常好，大断裂整体特征明显，边界清晰，同时还能识别出在水平相干切片上不易发现的一些同相轴微弱错段的小型伴生断层，弥补了水平相干切片的不足。

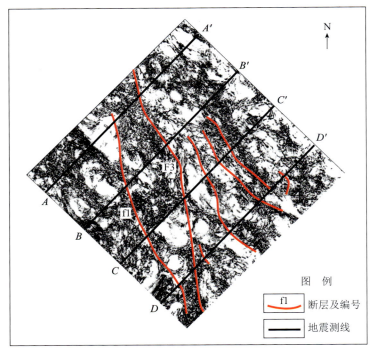

（a）Z1深度相干体属性水平切片

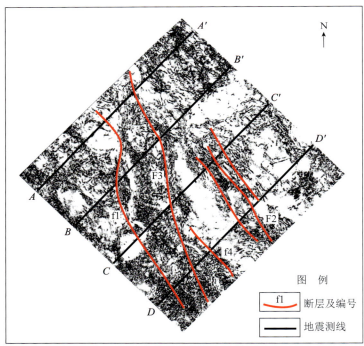

（b）Z2深度相干体属性水平切片

图 2.2　研究区相干体属性水平切片

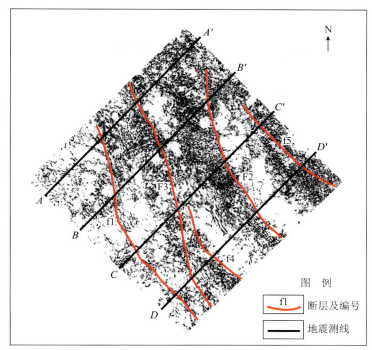

（c）Z3深度相干体属性水平切片

图 2.2(续)　研究区相干体属性水平切片

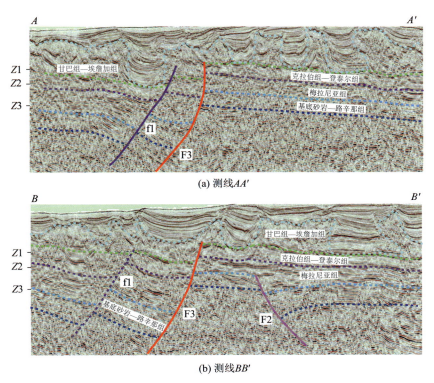

图 2.3　过研究区地震剖面解释（位置见图 2.1）

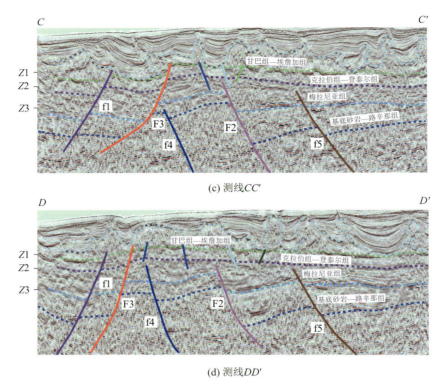

(c) 测线CC'

(d) 测线DD'

图 2.3(续)　过研究区地震剖面解释(位置见图 2.1)

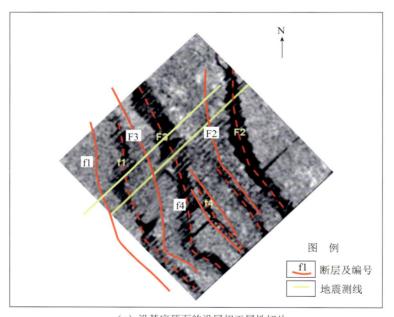

（a）沿基底顶面的沿层相干属性切片

图 2.4　基底相干切片与地震剖面解释对应成果图

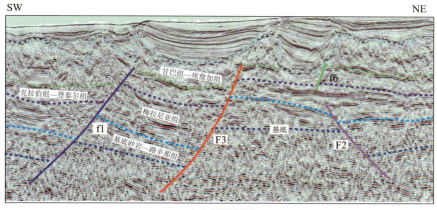

（b）地震剖面

图 2.4(续) 基底相干切片与地震剖面解释对应成果图

2.1.2 方差体分析技术

1) 方差体技术原理

方差在数学上是指一组数据各自相对于它们的算术平均数的偏差的二次方的平均数,其意义在于它反映了一组数据的分散或波动的程度。当地震波遇到地下存在断层,或某个局部范围地层不连续变化时,地震道的反射特征就会与其附近地震道的反射特征出现差异,从而导致地震道局部分布存在不连续性(赵牧华等,2006)。这种不连续性可通过方差算法模型计算出的高方差值来表现,即在方差体的时间切片或沿层切片上出现异常区,代表着地下地质体的中断或不连续变化的信息,可用于识别断层和其他地质异常体。

方差体技术的核心就是求取整个三维数据体所有样点的方差值,即通过该点与周围相邻地震道在某一时窗内的所有样点计算出的平均主值之间的方差。如图 2.5 所示,用中心道及周围相邻的 8 道,并取该样点为中心上、下各一半时窗长度内的样点数,先求出 9 道中每道 L 时窗长度内所对应样点振幅的平均值,然后计算出时窗长度内 9 道中每个样点振幅值与同一时刻在 9 道中振幅平均值的方差和,最后做归一化即可得到该样点的方差值(赵牧华等,2006)。

假设方差计算时窗为 L,时窗内平均振幅为 $\overline{x_{ij}}$,第 i 道第 j 点的方差值为 σ_{ij},则

$$\overline{x_{ij}} = \frac{1}{nL} \sum_{i=1}^{n} \sum_{t=-l}^{t=l} x_{ij+l}$$

$$\sigma_{ij} = \frac{\displaystyle\sum_{i=l}^{n} \sum_{t=-l}^{l} (x_{ij+t} - \overline{x_{ij}})^2}{\displaystyle\sum_{i=l}^{n} \sum_{t=-l}^{l} x_{ij}^{\,2}}$$

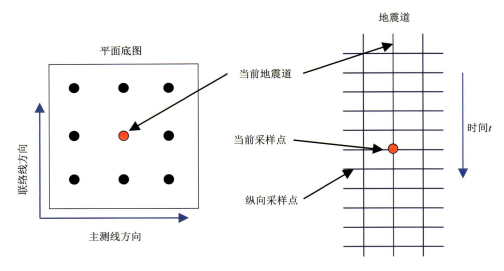

图 2.5 方差体识别断层原理图

式中 n——参与方差运算的地震道数；

l——1/2 时窗长度。

方差体技术作为相干体技术的一个补充与发展，能反映出相干属性识别不出的地质异常。其计算量比 C_2 或 C_3 相干体的计算量要小，效果却很好，且更适于在微型计算机中实现。

2）方差体技术的应用

本研究利用微机版 Petrel 软件的地球物理模块计算方差体，并通过切片显示进行分析研究。为了压制噪音和提高断裂的成像精度，充分利用 Petrel 软件的地震数据处理功能，对输入数据进行了构造平滑和低通滤波处理。这样虽然牺牲了对小断层刻画的分辨率，但提高了对大断层的识别能力，能够更好地满足区域性大尺度的地质研究需求。在方差体计算过程中，经试验表明，时窗选取 110 m 最为合适，过大则结果不够精确；过小则容易受噪音影响，结果表现杂乱。

与前述相干体解释方法一样，首先利用生成的方差数据体分别制作 $Z1$、$Z2$、$Z3$ 共 3 个深度的方差体切片（图 2.6），并在其上面识别解释断层，然后用 AA'、BB'、CC'、和 DD' 4 条测线进行验证（图 2.3）。根据前述的方差原理可知，断层发育部位其振幅值往往与其两侧存在较大差异，换算成方差属性则表现为高的方差值，即切片中的红色区域。结合区域地质分析，查明研究区的断裂体系，除北部受恩科米（N'Komi）断层影响断裂走向偏东外，其他多为北北西—南南东走向的裂陷期大型正断层，断距大、延伸长。同时在理论上，相对而言，逆断层在方差体切片上的表现理应展示出更宽的条带状，且边界清晰程度较差。据此，可分别在 $Z1$、$Z2$、$Z3$ 共 3 个深度的水平方差切片上找寻高方差值的红色区域，分别识别解释出 7 条、6 条、5 条呈北北西—南南东走向的大小不等

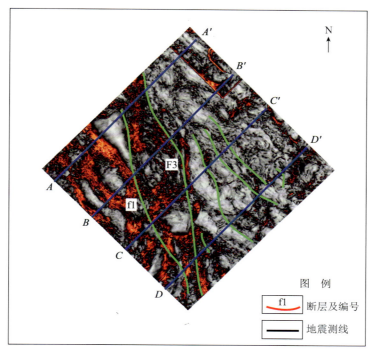

（a）Z1深度方差体属性水平切片

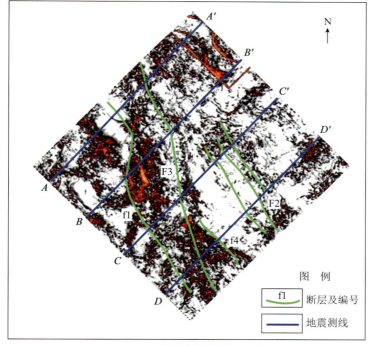

（b）Z2深度方差体属性水平切片

图 2.6 研究区方差体属性水平切片(地震剖面见图 2.3)

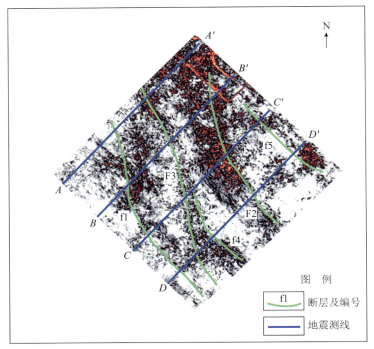

（c）Z3深度方差体属性水平切片

图 2.6(续) 研究区方差体属性水平切片(地震剖面见图 2.3)

的断层。采用与前述相干体类似的验证方法,分别在 4 条剖面线上去搜寻与水平切片所解释出的断层的投点,并与前述相干体解释结果进行对比,结果表明二者对主要断层的解释结果基本一致,相互印证了解释结果的可靠性。同时从两种数据体切片的效果对比上不难看出,方差体切片相较相干体切片,二者在反映大断层的整体特征上都比较有效,但对于浅部同相轴连续性较好的层段,方差体切片效果更好;而深部地震资料信噪比低,同相轴破碎严重,此时相干体切片效果较好。

2.1.3　蚂蚁体分析技术

1）蚂蚁体技术的原理

蚁群算法作为一种新的仿生优化算法,是由意大利学者 M. Dorigo、V. Maniez-zo、A. Colorni 等于 1991 年在法国召开的第一届欧洲人工生命会议（European conference on artificial life,ECAL)上首次提出的,其灵感来源于蚂蚁群体在觅食过程中寻找路径的行为。该算法利用蚁群在寻找从蚁穴到食物源的最短路径过程中所体现出来的寻优能力,解决了许多离散系统优化中的难题。用该方法求解调度问题、车辆路径问题、分配问题、指派问题等取得了一系列较好的实验结果(吴莹莹,2013)。

2）蚂蚁体技术的应用

本研究中,根据研究区的资料情况及勘探研究的目的和要求,通过采取适当调大初始分布范围、调小偏离度和非法步长等办法,增强对大断层和次一级断层的识别能力,弱化小断层或裂缝的影响,并以倾角和方位角为约束条件,计算得到蚂蚁体数据体。为了与前述两种方法进行比较,同样制作 Z1、Z2、Z3 共 3 个深度的蚂蚁体水平切片(图 2.7),并在切片上进行断裂识别和解释。根据蚂蚁体追踪的原理,当设定好搜寻参数时,人工蚂蚁在遇到符合条件的地方也会模拟真实的蚂蚁释放"信息激素",信息激素越多的部位,存在断层的可能性就越大(吴莹莹,2013),在切片上显示为蓝色的区域。据此,依照前述解释方法,首先在 3 个蚂蚁体水平切片上进行断层识别和解释,然后分别在 4 条主测线上进行验证,如图 2.3 和 2.7 所示。结果表明,蚂蚁体切片上识别出的断层投点与地震剖面上所反映出的大断层的位置存在一定的偏差,但地震剖面上显现出的几条小断层却与水平切片上反映出的断层吻合较好,说明蚂蚁体切片在大断层的预测方面效果不如相干体和方差体明显,但对小断层预测却有其独到之处,故将其联合使用可以进一步完善不同级别的断层解释成果。

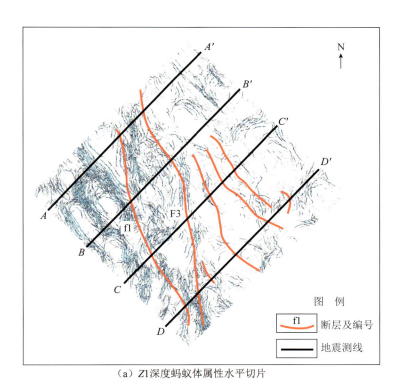

（a）Z1深度蚂蚁体属性水平切片

图 2.7　研究区蚂蚁体属性水平切片(地震剖面见图 2.3)

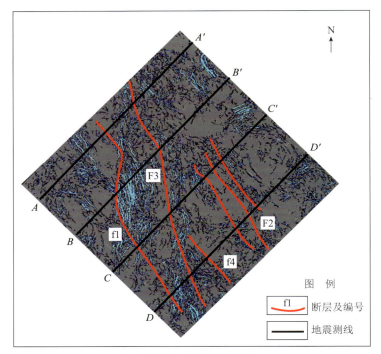

（b）Z2深度蚂蚁体属性水平切片

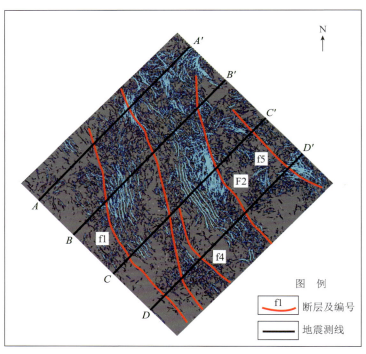

（c）Z3深度蚂蚁体属性水平切片

图2.7（续）　研究区蚂蚁体属性水平切片(地震剖面见图2.3)

2.1.4　倾角/方位角及其与相干的 RGB 融合技术

1)倾角/方位角属性

倾角和方位角体现了地层反射面的倾斜方向,是一种十分重要的属性。如图 2.8 所示,假设某一物体存在一个理想的反射面,则从数学角度分析看,地震反射面的平面元素可以唯一地被空间里的一个点 $x = (x,y,z)$ 来定义,同时令反射面的单位法向量为 $n = (n_x,n_y,n_z)$,其中,n_x、n_y、n_z 分别为沿着 x、y、z 轴方向上的分量,一般令 $n_z \geqslant 0$。为了简便起见,记 a 为沿着反射面的单位向量倾角,θ 为倾角大小,φ 为倾向方位角,ψ 为走向,θ_x 为 xz 平面的视倾角,θ_y 为 yz 平面的视倾角(唐成勇,2012)。

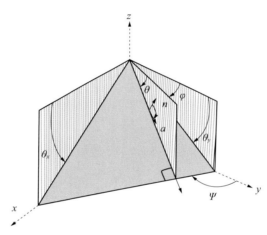

图 2.8　地质学上反射面倾角和方位角示意图(据唐成勇,2012)

从地质学角度分析看,可以使用视倾角 θ_x 和 θ_y 来定义一个诸如岩层顶或内部层理面的平面界面,或者更普遍地说,可以通过表面的真实倾角 θ 和走向 ψ 来定义。视倾角 θ_x 是水平 x 轴与反射面和垂直平面 (x,z) 交线的夹角;视倾角 θ_y 是水平 y 轴与反射面和垂直平面 (y,z) 交线的夹角。走向 ψ 是北方(在 SEG-Y 道头的约定中指 y 轴)与反射面和平面 (x,y) 交线的夹角。真实倾角 θ 是反射面和水平面的夹角,通常大于或等于视倾角 θ_x、θ_y。地质学上的倾角没有符号,通常从水平面向下到反射面进行度量(唐成勇,2012)。

在反射地震学角度上,为了避免数学含义的模糊,通常采用倾角和方位角来定义反射面。倾角(dip)又称为倾角幅度 θ,和以上地质学的定义是一样的。方位角(azimuth)φ 通常也称为倾角方位角,也同样是度量与北方的夹角,或者为了简便起见,一般将其计算为与 inline(主测线)地震资料轴的夹角(唐成勇,2012)。本研究中采用地质学上的倾角和方位角符号,同理,视倾角沿着地震资料轴 x 和 y,定义一个反

射面倾角单位向量 a，于是有：

$$a_x = \cos\theta\cos\theta$$
$$a_y = \cos\theta\sin\theta$$
$$a_z = \sin\theta$$

虽然理论上对反射面的不同测量方法得到的值都是相等的，即分别使用平面的法向量 n，以及它的倾角 θ 和走向 φ、视倾角 θ_x 和 θ_y、倾角 θ 和方位角 φ、向量倾角 a 进行度量。但在实际地震解释工作中，当存储的精度有限时，这些看似相等的量会有不同。特别是方位角在水平反射面上是没有定义的（水平反射面上方位角的值没有定义）。为了对比的方便，通常定义反射面的法向量和它的分量（唐成勇，2012）。

在不知道地震波速度的情况下，测量地震时间倾角 p 和 q 更为方便。其中，p 是inline 或者 x 方向上的视倾角，单位是秒每米（s/m）或者秒每英尺（s/ft）；q 是 crossline（联络线）或者方向上的视倾角，它的单位和 p 的单位一样。如果地震波的速度近似为一个常量 v，视倾角 p 和 q 与视角倾角 θ_x 和 θ_y 的关系如下所示（唐成勇，2012）：

$$p = 2\tan\theta_x/v$$
$$q = 2\tan\theta_y/v$$

2）倾角/方位角属性的应用

倾角属性与方位角属性实际上是沿不同的方向对地震数据一阶求导所得。倾角属性反映的是地层的倾斜等特征，对断层有较强的指示作用。因为沉积岩通常是连续沉积的，在横向上倾角变化不会太大，地层倾角的突然变化往往是由构造作用造成的，如断层两侧、背斜和向斜的两翼等，通过计算得到倾角数据体，并制作水平切片，便可在切片上寻找红色高倾角值分布区来解释断层。相比倾角属性，方位角属性更多反映的是地层的方位，对断层敏感性不强，但其优势是其图形有立体感（图2.9）。因此，实际应用中一般将二者进行融合，使断层的显示更加直观。本研究中，针对盐下断裂解释的特殊性与复杂性，企图借助多种地球物理方法来综合判断断层，故在工作中尝试将倾角属性、方位角属性、相干属性3者进行融合。其具体操作是在 Geoscope 软件中完成，主要步骤包括：① 原始地震数据的输入（要求是保幅的数据）；② 相干属性体、倾角属性体、方位角属性体的提取；③ 相干属性体虚切片、倾角属性体虚切片、方位角属性体虚切片的制作；④ 相干属性体实切片、倾角属性体实切片、方位角属性体实切片的制作；⑤ 融合切片的制作（采用同一深度的3种属性体实切片）；⑥ 融合切片的显示（包括 RGB 显示和 HSV 显示两种方式）。通过比较，选用 HSV 的显示方式，即将相干体切片、倾角切片、方位角切片当作颜色的3个组成部分——亮度、饱和度、色调来进行三色标显示。通过3种属性的融合，增强了对断层的显示能力。与前述类似，分别用4条测线对该方法预测断层的准确性进行验证

（图 2.9 展示了 BB' 剖面与属性融合切片的对比）。通过在切片上搜寻色彩饱和度高的位置解释断层，并通过其在地震剖面上的投点与剖面识别出的断层的吻合程度来判断该方法的有效性。结果表明相干属性、倾角属性、方位角属性 3 种属性融合切片上，大断层比相干切片和方差切片更为直观可靠，但小的断层容易掩盖在其色彩之中。

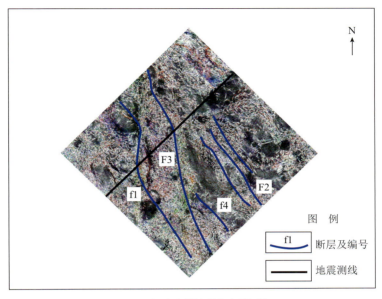

（a）Z2深度多属性融合水平切片

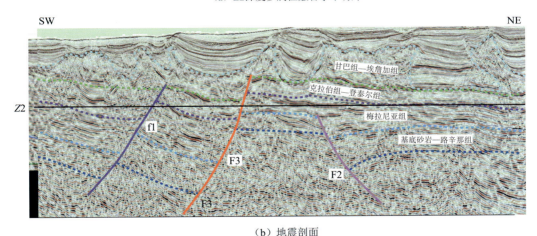

（b）地震剖面

图 2.9　盐下多属性融合切片与地震剖面解释对应成果图

　　通过以上方法的对比分析可知，每种方法各有其优缺点。按照取长补短的原则，研究中首先采取以水平相干切片和水平方差切片为基础的大断层解释；然后借助蚂蚁体切片识别次一级的小断层，并对大断层局部加以修正；最后采用沿层相干切片验证这一断裂解释基本流程和方法组合。在此基础上，利用倾角属性对断层较为敏感、方位角属性显示的立体感强的特点,通过将同一深度的相干切片、倾角切片、方位角切片进行融合,突出3者间的共性,进而降低断裂解释的多解性,以提高可靠性。总之,在地震资料品质欠佳、地质背景复杂,且任何某一种单一方法都无法满足断裂解释要求的情况下,充分利用多种断裂识别方法的综合应用可以有效解决地质研究中的技术难题。

2.2 断裂体系主要特征

2.2.1 断裂性质

受非洲和南美板块的裂解、分离的影响,加蓬盆地裂陷期在拉张应力的作用下,形成了典型的伸展构造体系,以发育一系列的张性断裂为主。同时,由于大西洋洋中脊扩张时期广泛发育转换断层,使得与之相关的被动陆缘盆地在后期又叠加了走滑应力作用。例如近EW向的恩科米(N'Komi)转换断层从裂陷初期就开始活动,整个裂陷期一直活动,并延续到漂移早期(晚白垩世),受其右行走滑影响,其邻近的断裂具有一定的走滑性质(Mounguengui and Guiraud,2009;Seranne and Anka,2005)。

1)张性断裂

加蓬盆地裂陷期以广泛发育的张裂构造为显著特点,以正断层为主。这些中—高角度正断层与盆地东缘的海岸线近于平行,组成一系列地垒、地堑、半地堑以及掀斜断块等次级构造。盆地早期发育垒、堑相间构造,晚期则以断面西倾的"多米诺"式断裂构造为主(图2.10)。

2)走滑断裂

在盆地的形成、演化过程中,在区域张扭性应力场作用下,特别是受到南大西洋扩张的影响,加蓬盆地发育了多套走滑断裂(图1.10),其中规模较大的阿森松(Ascension)断层和马永巴(Mayumba)断层是盆地的边界断裂。恩科米(N'Komi)断裂带则是加蓬盆地内重要的走滑断裂带之一,垂直海岸线方向呈北东—南西向展布,现今表现为右旋走滑断裂,平移量超过100 km,断裂两盘差异升降近3 000 m,是分隔北加蓬次盆与南加蓬次盆的边界断裂。受恩科米(N'Komi)断裂带右旋走滑作用的影响,其邻近的断裂均表现有走滑性质,构造走向呈现与现今海岸线斜交的特征。与此同时,前期研究表明恩科米(N'Komi)断裂带在盆地裂陷早期即已形成,对盆地的构造-沉积演化、沉积充填及油气成藏具有十分重要的控制作用(黄文兴等,2015c)。

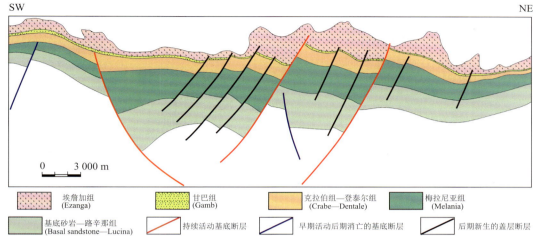

图 2.10　研究区主要张性断裂特征

2.2.2　断裂分级

　　盆地断裂级次划分是建立盆地构造框架、研究盆地构造演化、理清断裂演化序列和派生关系，以及分析断裂对沉积的控制作用等不可或缺的重要研究内容。在开展断陷盆地的断裂研究过程中，在断裂级别划分上人们通常会考虑多种因素，例如可以根据断裂的延伸长度、剖面垂向断距、切割深度或与层位的切割关系、断裂两侧岩性和厚度变化、断裂起始及持续活动时间等，结合断裂对盆地（或小至洼陷）形成演化以及对盆地（或小至洼陷）内构造、沉积、层序及圈闭的控制程度等来进行断裂级别划分。本研究在断裂分级上主要考虑了以下因素：① 断裂对构造、沉积的控制作用；② 断裂规模，即断裂的平面延伸长度和剖面断距大小；③ 切割深度或与层位的切割关系；④ 形成时间及持续活动时间；⑤ 与构造演化的关系；⑥ 对构造格局乃至沉积作用的控制程度。

　　根据以上原则，将加蓬盆地盐下断裂分为 4 个级别。

　　一级断裂：指长期活动的控盆边界的基底卷入式正断层，亦即控盆断裂。断裂规模大，延伸距离长，随着构造持续演化，对盆地的结构、构造及其沉积展布等均有具有明显的控制作用。

　　二级断裂：主要是控制盆地内部二级构造带（如隆起或坳陷等）的断裂。如控制南加蓬次盆内外坳陷带的边界断裂，断裂的延伸距离较大，对坳陷内沉积充填具有明显的控制作用。

　　三级断裂：为盆地二级构造单元内控制次级构造单元的边界断裂。如研究区内的 F1、F2、F3 断层，延伸可以达到几十千米，垂向断距可达 2~3 km（图 2.11），是南加蓬次盆内盐下凹陷与凸起（或隆起）的主干边界断层，对盐下凹陷的结构、形成、演化及沉积充填起着重要的控制作用。

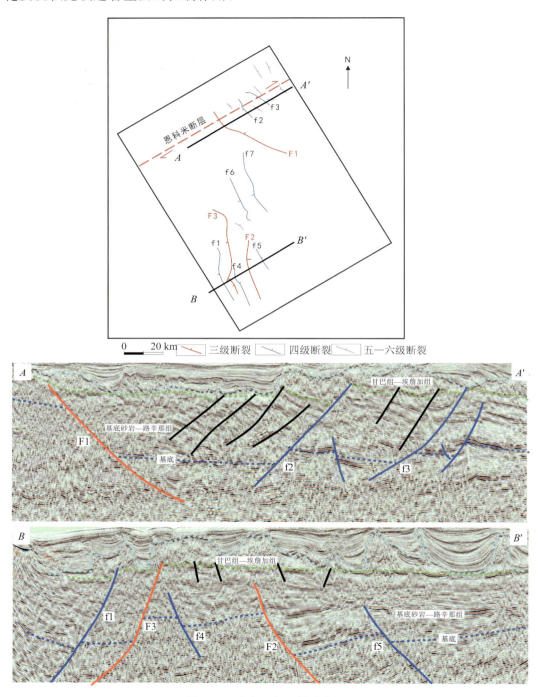

图 2.11　研究区主要断裂分级图

四—五级断裂：通常只发育在沉积盖层中，规模小，延伸长度数百米到数千米，对沉积控制作用不明显。这类断裂以裂后阶段的次生断层为主，但其数量也是最多的，对局部构造起复杂化作用。

2.2.3　断裂期次分析

在漫长的地质历史时期内,同一地区的地壳运动、地应力场并非是一成不变的。因此,由多期的构造运动产生的多期断裂,其每期断裂的性质不尽相同;同一断裂在多期活动中其性质也会变得十分复杂。类似地,同一期的断裂因其处于不同的构造部位,断裂性质也会有所差异。长期研究已经证明,伸展断陷盆地发育的断裂往往具有多期性和多类型。这种多期性,一是体现在断层的形成具有多期性;二是断层的活动也具有多期性。断裂期次分析,不仅有助于对断裂性质、构造演化以及应力场进行分析,也有助于指导复杂地质条件下断裂构造的地震解释。同时,它还是研究油气成藏规律的主要内容之一,对油气勘探研究具有重要意义。

在断裂期次分析上,一般包括定性分析和定量分析两个方面。定性分析通常是根据所观测的地震资料上的断层与层位的切割关系来判断,它的主要意义在于通过解释分析(例如绘制平衡剖面等)以获取构造演化信息。定量分析则主要是通过计算同沉积断层生长指数、古落差以及断层活动速率等参数来表征断层在时空上的发育规律、活动强度,进而分析构造演化史。

本研究关于断裂活动期次分析,以定性分析为主。根据断裂发育规律以及断裂与层位的交切关系等,大致可以将区内断裂活动分为 4 期,即裂陷早期活动基底断裂、持续活动基底断裂、裂陷期沉积盖层断裂、裂陷期后发育的晚期断裂(通常更为发育)(图 2.12)。根据断裂活动对盐下构造-沉积演化的影响程度,这里重点论述前 3 期断裂特征。

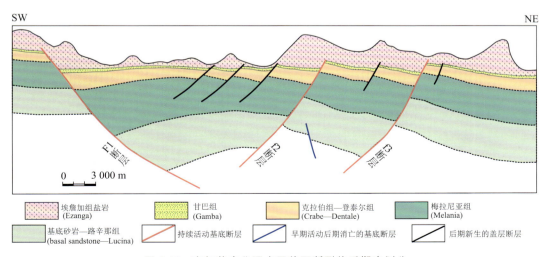

图 2.12　南加蓬次盆深水区盐下断裂体系期次划分

1）裂陷早期活动基底断裂

裂陷早期活动断裂的主要特点为断层开始活动时间早，持续活动时间较短，同时规模普遍较小。研究区此类断裂基本在盆地开始发生裂陷作用时即已形成，属于基底卷入型断裂，一般在基辛达（Kissenda）组沉积末期停止活动，如研究区的 f5 断层（图 2.13），走向为北北西—南南东向，倾向南东东向，平面延伸约 11.5 km。从地震剖面上看，该断层对裂陷早期地层基底砂岩（basal sandstone）—基辛达（Kissebda）组沉积具有一定的控制作用，在基辛达（Kissebda）组沉积末期至路辛那（Lucina）组沉积早期断层基本停止活动。

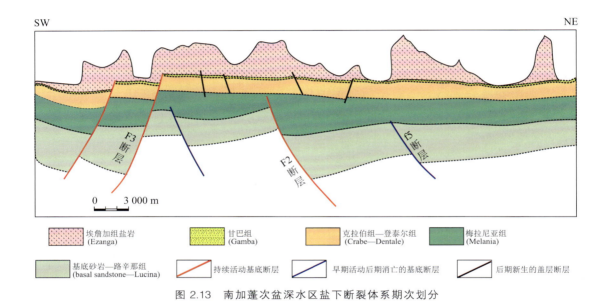

图 2.13　南加蓬次盆深水区盐下断裂体系期次划分

2）持续活动基底断裂

持续活动型断裂形成时间早，一般与早期形成的基底断裂同期发育，同属早期卷入型基底断裂。所不同的是该类型断裂活动持续时间长，几乎在盆地盐前整个裂陷过程中都在活动，具有明显的同裂陷期继承性生长断层特征，部分断裂持续活动至断拗转换期，甚至在裂后漂移期再度活动。该类型断裂是控制南加蓬次盆盐下次级构造单元——凹陷和凸起边界的主要断裂，其形成、演化对盐下盆地结构和沉积充填具有重要的控制作用。如研究区的 F3 断层（图 2.13），近南北走向，延伸距离达 50 km 以上，在盆地裂陷早期开始形成，控制了盐下基底砂岩（basal sandstone）—路辛那（Lucina）组沉积，至克拉伯（Crabe）组沉积时期活动减弱，在埃詹加（Ezanga）组沉积后的漂移期再次活动。该断层一方面控制了盐下紧邻凹陷的发育和沉积充填，同时对盐岩的活动和盐上地层的沉积也有重要的影响作用。

3）裂陷期沉积盖层断裂

裂陷期沉积盖层断裂形成时间较晚，一般为断拗转换期以及裂陷期后形成。此类断裂多为发育于沉积盖层中的断裂，断层规模一般较小，延伸距离不长，断裂走向多平行于区域构造的主体方向，主要为北西—南东向，局部可见北北西—南南东向或近南北向（图 2.12 和图 2.13）。该类型断裂由于形成晚，规模小，一般对盐下盆地结构及沉积充填不具有明显的控制作用，但通常会表现为油气源断层，对盆地油气运移、聚集有着重要的影响作用。

2.2.4　断裂展布规律及主要断裂特征

以地质模式为指导，通过前述的多种断裂构造地震解释方法的相互印证，开展整个研究区的断裂系统及相关构造的精细解析。研究区主要发育北北西—南南东及北西—南东向两个方向的断裂构造（图 2.11），其中，北西—南东向断裂主要分布在恩科米（N'Komi）断裂带附近，推测与恩科米（N'Komi）断裂带右旋走滑作用有关。主要断层特征见表 2.1，具体描述如下。

表 2.1　研究区主要断层特征表

断层名称	性　质	错断层位	产　状		规　模		级　别
			倾　向	走　向	平面延伸长度/km	最大落差/km	
F1	铲式正断层	Ezanga 组及以下层位	北东	北西西—南东东	40 多	2 以上	三级
F2	铲式正断层	Dentale 组以下层位	南东东	北北西—南南东	30 多	2 以上	三级
F3	铲式正断层	Ezanga 组及以下层位	南西西	北北西—南南东	50 多	2 以上	三级
f1	铲式正断层	Ezanga 组及以下层位	南西西	北北西—南南东	20 多	1～2	四级
f2	铲式正断层	Ezanga 组及以下层位	南西西	北西西—南东东	10 多	小于 1.5	四级

续表

断层名称	性　质	错断层位	产　状		规　模		级　别
			倾　向	走　向	平面延伸长度/km	最大落差/km	
f3	铲式正断层	Ezanga 组及以下层位	南西西	北西西—南东东	10 多	小于 1.5	四级
f4	铲式正断层	Crabe 组以下层位	南东东	北北西—南南东	10 多	小于 1	四级
f5	铲式正断层	Crabe 组以下层位	南东东	北北西—南南东	10 多	小于 1	四级
f6	铲式正断层	Crabe 组以下层位	南西西	北北西—南南东	20 多	小于 1	四级
f7	铲式正断层	Dentale 组及以下层位	南西西	北北西—南南东	20 多	小于 1	四级

　　F1 断层：铲式正断层（图 2.12 和图 2.14），属于持续活动基底断层，走向为北西西—南东东，倾向为北东，平面延伸 44 km，基底最大落差 2.2 km，生长指数达 2.0，为一条控凹三级断裂，从下白垩统基底砂岩（basal sandstone）到甘巴（Gamba）组均被错段，并使得凹陷内充填地层呈现出明显的楔状特征，表明断层对沉积充填有明显的控制作用。

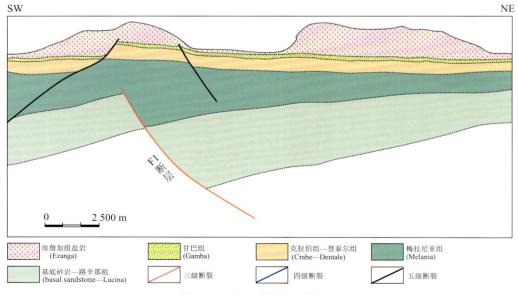

图 2.14　过 F1 断层地质剖面图

　　F2 断层：铲式正断层（图 2.13 和图 2.15），属于基底持续活动断层，断层产状为走向北北西—南南东，倾向南东东，平面延伸约 33 km，基底落差 2.3 km，生长指数达 2.1，与 F1 断层相同，也是一条控凹三级断裂。断层局部断至登泰尔（Dentale）组，且凹陷内所充填的地层楔状特征明显，反映出断层对凹陷沉积充填有控制作用。

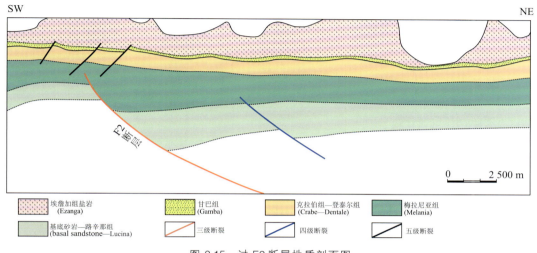

图 2.15　过 F2 断层地质剖面图

　　F3 断层：该断层与 F2 断层为共轭发育的铲式正断层（图 2.13 和图 2.16），走向北北西—南南东，其产状与前者相反，倾向南西西，平面延伸达 50 km 以上，基底落差 2.2 km，生长指数 1.5（图 2.16）。该断层也为一条基底持续活动断层，局部断至埃詹加（Ezanga）组，并与 F2 断层组成垒堑式构造，也是研究区一条控凹的三级断裂。

2.2.5　断裂构造样式分析

　　构造样式是同一构造变形作用或同一应力作用下所产生的构造行迹的总和（Harding and Lowell，1979；Lowell，1985）。盆地的构造样式是盆地内部构造活动的结果。同时，盆地的构造样式也记录了盆地当时的构造活动（蔡周荣等，2007）。构造样式的研究已经成为盆地分析和油气田构造地质研究中一项重要的基础内容，其中不仅涉及有关含油气盆地性质、类型及其动力学的分析与认识，而且涉及构造变形特征及其时空演化的判识和分析，直接关系到油气藏的圈闭类型、成藏条件及勘探目标评价。近年来，学术界越来越重视盆地构造样式的研究，尤其是伸展盆地构造样式，在国内外均得到高度重视，取得了巨大的研究进展。

　　伸展构造是指在区域性引张作用下形成的使地壳或岩石圈沿水平方向伸长和垂直方向减薄的各种构造变形的总称，是以正断层为基本构造要素组合成的构造系（陆

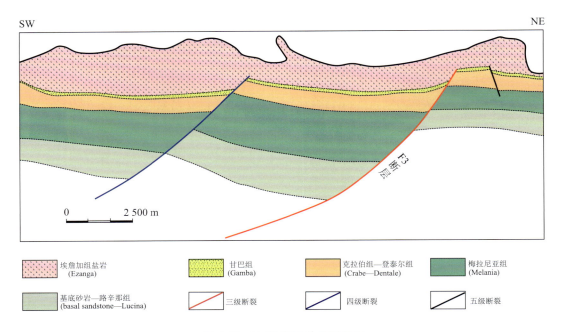

SW   NE

埃詹加组盐岩 (Ezanga)	甘巴组 (Gamba)	克拉伯组—登泰尔组 (Crabe—Dentale)	梅拉尼亚组 (Melania)
基底砂岩—路辛那组 (basal sandstone—Lucina)	三级断裂	四级断裂	五级断裂

图 2.16　过 F3 断层地质剖面图

克政等,1996)。因此在伸展盆地中,构成盆地伸展构造的基本要素是正断层及其几何学、运动学特征(陆克政等,1997)。正断层通常是指上盘相对下降或者是具有较大正向倾滑分量的断层,是伸展构造最基本的结构要素,可以依据其尺寸、形态、位移距离和运动学特征进行分类。

Wernicke 等在研究美国西部"盆岭区"伸展构造时,按照构造几何学和运动学特征把正断层分成了非旋转类(断层面和岩层面均不发生旋转)和旋转类(断层面和岩层面至少有一种发生了旋转)两大类,并根据断层面的形态,把非旋转类称为平面式正断层,又将旋转类正断层细分为旋转的平面式正断层和铲式正断层。陆克政等(1996)在研究正断层时发现,正断层亦可像逆断层一样由较陡倾斜的"断坡"和较缓倾斜的"断坪"连接成台阶状断层面形态,且无论从几何形态特征还是构造运动学方面,都不能将此类正断层简化为平面式或者铲式正断层,由此将此类断层补充到 Wernicke 等提出的正断层分类方案中,并按照此分类方案演绎推导出伸展盆地的 4 种基本构造样式,即地堑与地垒、多米诺式半地堑、"滚动"半地堑和复式半地堑(图 2.17)。

Harding 和 Lowell(1979)曾提出一种具有重要影响的构造样式分类方案,该方案首先强调基底是否卷入(即沉积盖层的变形是否受基底构造的控制),并把它作为分类的一级标志。据此,将断裂构造分为基底卷入型和盖层滑脱型两大类。在此基础上,又根据构造变形特征推测变形的力学性质和应力传递方式(附加准则)进一步细分为:基底卷入型构造主要包含扭动构造组合、压性断块和逆冲断层、张性断块以及翘曲、拱起、穹隆、坳陷;盖层滑脱构造主要包含逆冲-褶皱组合、正断层组合、盐构

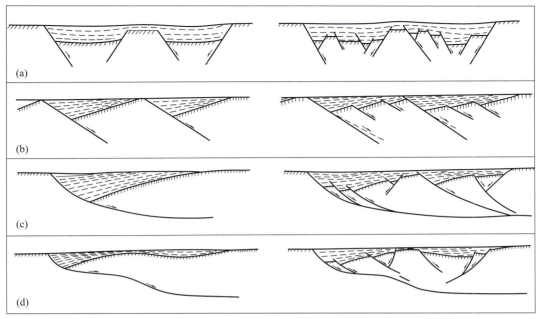

图 2.17 伸展断陷盆地基本构造样式（据漆家福等，2006）

（a）地堑与地垒；（b）多米诺式半地堑；（c）"滚动"半地堑；（d）复式半地堑；左图为简单结构，右图为复杂结构

造和泥岩构造。

　　构造样式分析一般应包括几何学、运动学、动力学和时间四大要素。本研究在构造样式分析上，以把握伸展构造样式的几何学特征为重点，目的在于建立地质模式，指导研究区的断裂解释和构造分析。研究结果表明，研究区断裂几何形态主要有旋转平面式和铲式两种，断裂组合特征可以概括为同向型和反向型两大类。同向型断裂构造样式是指一组倾向相同或相近的断裂组合，而反向型断裂构造样式是指一组倾向相反的断裂组合。根据断裂平面组合特征又可进一步细分，见表 2.2。

表 2.2 南加蓬次盆深水区主要张性断裂组合特征

组合特征	组合方式	特　　征	剖面形态	平面形态	典型剖面
同向型	平行断阶式	相似或相同的走向与倾向			
	多米诺式	走向与倾向基本相同			

组合特征	组合方式	特　征	剖面形态	平面形态	典型剖面
反向型	地垒式	走向相近,倾向相反(相背)			
	地堑式	走向相近,倾向相反(相向)			

2.3　构造格架

2.3.1　构造单元划分及依据

　　盆地的构造格架是指沉积盆地基底和盆内各种构造形迹的性质及其配置样式。它随盆地的演化而不断变化并受区域构造、盆地构造应力场以及先存基底构造等影响,并控制着盆地的地层格架和充填样式。在盆地的构造格架,亦即构造单元划分上,由于依据的资料不同,确定的划分原则也有所不同,但基本有 4 条:① 重磁力场的特征;② 断裂规模和展布;③ 基岩出露与基底起伏;④ 沉积岩的厚度变化(张吉光和王英武,2010)。本研究在构造单元划分上,优先考虑了基底起伏以及断裂规模和展布特征,结合断裂两盘地层厚度变化,按照中国石油天然气行业标准,将加蓬盆地定位为一级构造单元,亚一级构造单元为北加蓬次盆、南加蓬次盆、内次盆以及兰巴雷内(Lambarene)隆起,将赛特卡玛(Sette cama)凹陷、大西洋登泰尔(Dentale)凹陷等负向构造区,以及维阿(Vera)凸起等正向构造带称为二级构造单元,其次一级构造单元中的正向三级构造单元称为三级构造带,负向单元称为凹陷。

2.3.2　构造格局特征

　　基底断裂对盆地裂陷期的构造格局具有明显的控制作用。不同级别的基底断裂对构造的控制意义不同。大规模基底断裂(例如一级、二级断裂)往往作为控盆或控坳边界,对盆地或坳陷的构造格局起决定性作用。研究区主要发育北北西—南南东及北西—南东向两个方向的基底断裂构造,其中三级断裂 3 条,平面延伸均达几十千米,落差达 2 km 以上,断层两盘地层厚度相差最大可达 2 km。再次一级的四级断裂也有一定的规模,其平面延伸可达 10 多千米(表 2.1 和图 2.11)。依据上述构造单元划分标准,结合基底构造图(图 2.18),将研究区划分为 5 个三级构造单元,其中 2 个为三级构造带,分别为中部凸起带和西部凸起带;3 个为凹陷带,分别为东北凹陷带、东南凹陷带和西南凹陷带。同时,在两个凸起带之间还发育了 1 个规模较小的次级洼陷,划为四级构造单元(图 2.19)。

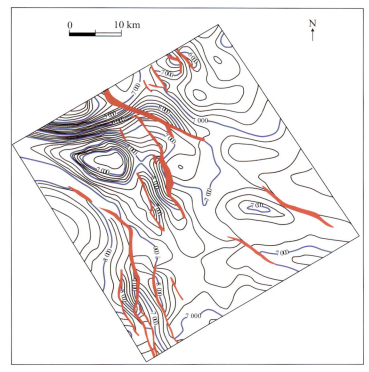

图 2.18 研究区基底构造图(单位:m)

(1)东北凹陷带

东北凹陷带呈北西西—南东东向展布,面积约 190 km²,平面延伸约 40 km,是一个具有西断东超特征的典型单断式箕状断陷(图 2.20),并在凹陷缓坡带北部发育两条近平行的、走向为北西—南东向的反向调节断层 f2、f3 断层(图 2.21)。受控于边界断层的活动性,该凹陷带大致形成于晚侏罗世—早白垩世贝里阿斯(Berriasian)期,早白垩世巴列姆(Barremian)中期梅拉尼亚(Melania)组沉积时期达到鼎盛,大致于巴列姆(Barremian)晚期登泰尔(Dentale)组沉积时期断陷作用结束。

(2)东南凹陷带

东南凹陷带整体上呈北北西—南南东向延伸展布,凹陷边界断层为 F2 断层,也是一个具有西断东超的单断式箕状断陷(图 2.22),面积约 110 km²,平面延伸约 30 km,其构造等深线大致与 F2 断层平行,陡坡带位于凹陷西侧,缓坡带位于凹陷东侧。凹陷发育时期为基底砂岩(basal sandstone)—梅拉尼亚(Melania)组沉积时期,此时边界断裂对沉积充填的控制作用明显。

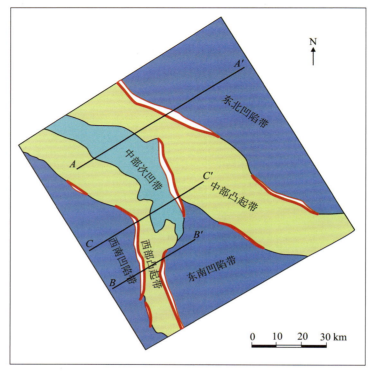

图 2.19　研究区裂陷期构造单元分布图

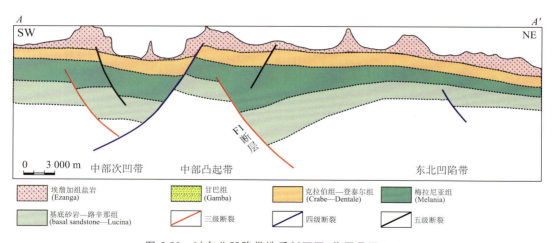

图 2.20　过东北凹陷带地质剖面图(位置见图 2.19)

（3）西南凹陷带

西南凹陷带呈近南北向延伸,边界断层为 F3 断层(图 2.22),是一个东断西超的单断式箕状断陷,面积约 140 km²,平面延伸约 50 km,其构造等深线大致与 F3 断层平行,陡坡带位于凹陷东侧,西部为缓坡带。凹陷陡坡带被一条延伸约 20 km、与边界断裂 F3 近平行的次级断裂 f1 断裂复杂化。

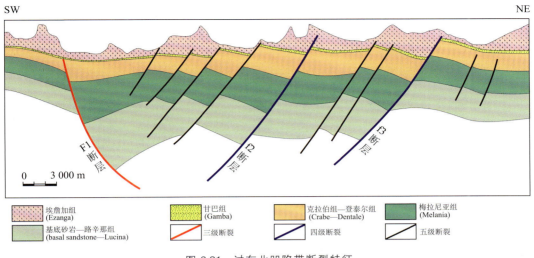

图 2.21 过东北凹陷带断裂特征

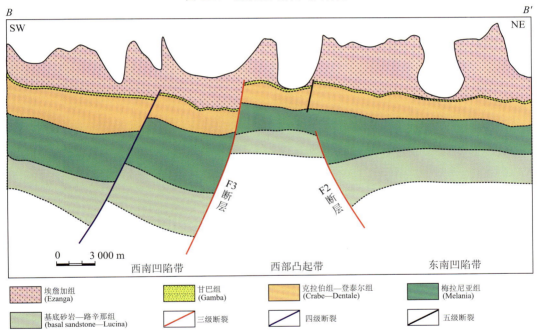

图 2.22 过东南凹陷带与西南凹陷带地质剖面图(位置见图 2.19)

（4）中部凸起带

中部凸起带呈北西—南东向展布，延伸约 50 km，由裂陷期断隆演化而来，该凸起带西北部后期基底断裂复活进一步隆升（图 2.20）。

（5）西部凸起带

西部凸起带为近南北向展布的一个狭长鼻状凸起，延伸约 60 km，主体受两条反向断层控制，将东南凹陷带与西南凹陷带分隔开来（图 2.23）。

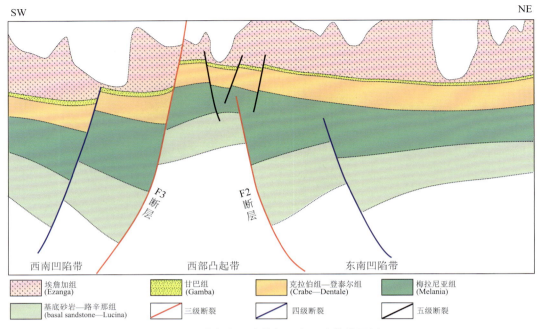

埃詹加组 (Ezanga)	甘巴组 (Gamba)	克拉伯组—登泰尔组 (Crabe—Dentale)	梅拉尼亚组 (Melania)
基底砂岩—路辛那组 (basal sandstone—Lucina)	三级断裂	四级断裂	五级断裂

图 2.23　过东南凹陷带与西南凹陷带地震剖面

（6）中部次凹带

中部次凹带为一近南北走向的狭长的小型洼陷，延伸约 40 km，将中部凸起带和西部凸起带分开。其形成受 f7 断层控制（图 2.24），基于现有地震资料分析，边界 f7 断层两盘具有最大约 1 km 沉积厚度差异（1 000 m 左右），推断可能为一个四级构造单元。

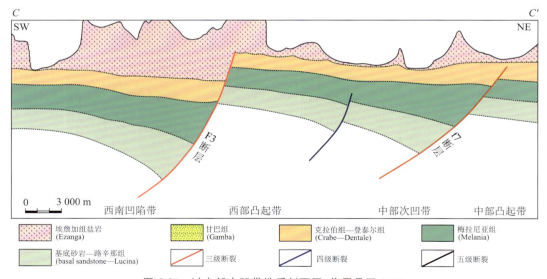

埃詹加组盐岩 (Ezanga)	甘巴组 (Gamba)	克拉伯组—登泰尔组 (Crabe—Dentale)	梅拉尼亚组 (Melania)
基底砂岩—路辛那组 (basal sandstone—Lucina)	三级断裂	四级断裂	五级断裂

图 2.24　过中部次凹带地质剖面图（位置见图 2.19）

2.4 深水区构造演化分析

根据前述断裂构造及沉积充填分析的研究结果,结合区域地质背景将加蓬盆地裂陷期的构造演化划分为 4 个亚期,依次为裂陷早期、裂陷中期、裂陷晚期和断拗转换期(也称过渡期)(表 2.3、图 2.25、图 2.26)。

表 2.3 加蓬盆地裂陷期构造演化阶段划分表

地 层			构造演化阶段
统	阶	组	
下白垩统	阿普特(Aptian)	埃詹加(Ezanga)	断拗转换期 (过渡期)
		韦姆波(Vembo)	
		甘巴(Gamba)	
	巴列姆(Barremian)	登泰尔(Dentale)	裂陷晚期
		克拉伯(Crabe)	
		梅拉尼亚(Melania)	裂陷中期
	纽康姆(Neocomian)	路辛那(Lucian)	裂陷早期
		基辛达(Kissenda)	
		基底砂岩(basal sandstone)	

（1）裂陷早期阶段

自早白垩世纽康姆(Neocomian)期开始,受区域拉张作用影响盆地深水区伸展断层开始活动,主要的控洼断裂基本形成,奠定了盐下地堑与地垒相间的构造格局,并控制了沉积地层的发育。初期在前白垩纪褶皱基底夷平的基础上发育了一套冲积扇-河流相中粗粒沉积,之后随着伸展作用的增强,沉积基准面上升,逐渐过渡到基辛达(Kissenda)组和路辛那(Lucina)组湖相沉积。

（2）裂陷中期阶段

该阶段可能从早白垩世纽康姆(Neocomian)期末,即路辛那(Lucina)组沉积晚期开始,随着伸展作用的持续,研究区可容纳空间进一步增大,湖平面相对快速上升,盆地处于饥饿性沉积状态,广泛发育中深湖相沉积,以湖相细粒沉积为主,发育了盆地盐下的主要烃源岩梅拉尼亚(Melania)组。

（3）裂陷晚期阶段

该阶段可能开始于巴列姆(Barremian)组沉积末期,此时控盆断裂活动减弱,对沉积充填的控制作用也逐渐减弱。与其类似,研究区控凹断裂的活动强度及对沉积

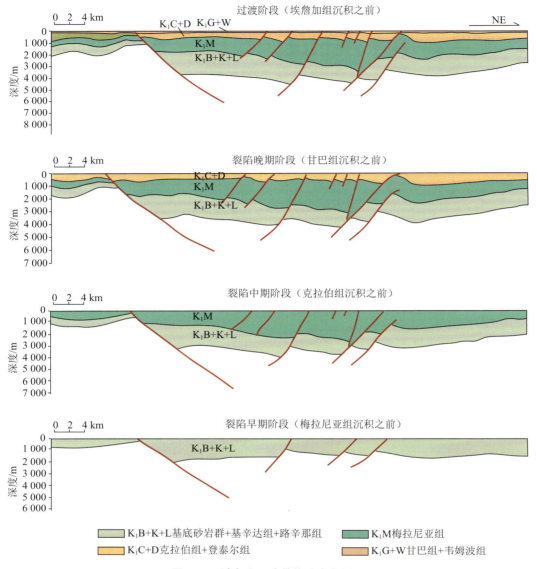

图 2.25 过东北凹陷带构造演化剖面

充填的控制作用也明显减弱,致使主控断裂上升盘与下降盘厚度接近一致,此时沉积可容纳空间减少/湖水变浅,湖平面相对快速下降,盆地近于过补偿沉积;至克拉伯(Crabe)组及登泰尔(Dentale)组沉积时期,研究区广泛发育河流、三角洲相沉积,湖泊的分布面积大大减小,是形成优质储层砂体的重要时期。

(4)断拗转换期(也称过渡期)

该阶段开始于早白垩世阿普特(Aptian)中晚期,即裂谷盆地向被动大陆边缘盆地演化的过渡层序,此时控盆断裂基本停止活动,盆地区域性整体抬升,大范围内遭受剥蚀夷平,并在剥蚀夷平的基础上发育甘巴(Gamba)组河流、三角洲相沉积,且在

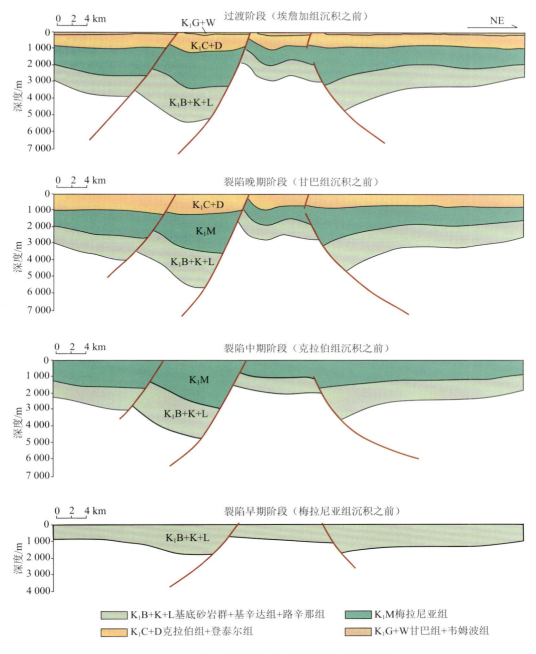

图 2.26　过东南凹陷带与西南凹陷带构造演化剖面

趋于干旱或半干旱条件下,使其之后的埃詹加(Ezanga)组发育盐湖或潟湖或萨布哈盐岩沉积。

第3章
深水区主要沉积特征

在系统研究和深入分析加蓬盆地构造演化特征的基础上,将盆地下白垩统盐岩及盐下地层划分出 2 个二级层序,分别代表盆地的裂陷层序和过渡层序,并进一步划分出 4 个三级层序,与裂陷期各构造演化阶段具有良好的对应关系。利用地震等地球物理资料,根据古地貌特征、地层厚度分布及地震反射特征,建立了深水区沉积体系及沉积相分析方法,即借鉴和吸收盆地区域沉积地质背景分析研究成果,在沉积发育规律和模式的指导下,根据地震相分析、地震属性及地层切片分析等地震沉积学方法,结合沉积物源分析等,对深水区沉积相进行系统分析和深入研究。

3.1 深水区沉积相特征

3.1.1 沉积背景

加蓬盆地是在前寒武纪结晶基底和前白垩纪褶皱基底上发育起来的被动陆缘盆地。早白垩世纽康姆(Neocomian)期在拉张作用背景下开始进入陆内裂陷阶段,一直持续到阿普特(Aptian)早期,先后经历裂陷早期、裂陷中期、裂陷晚期及断拗转换期 4 个阶段。裂陷早期,在前期凹凸不平的侵蚀背景下,基底砂岩(basal sandstone)沉积以填平补齐的方式形成,主要发育陆相河流相沉积;随着裂陷作用的不断增强,基辛达(Kissenda)组则主要以湖泊相沉积为主。裂陷中期,继承了基辛达(Kissenda)组的湖相沉积特点,沉积了梅拉尼亚(Melania)组湖相泥岩。裂陷晚期,盆地的隆凹格局基本定型,登泰尔(Dentale)组沉积时期在隆起周围以发育冲积扇及河流相沉积为主,在凹陷区则发育河流-三角洲-湖泊相沉积。阿普特(Aptian)早期裂陷演化阶段结束,盆地整体抬升接受剥蚀,多凸、多凹的演化历史也由此终结。非洲板块与南美板块开始分离,构造演化进入过渡阶段。由于分离作用从板块南部开始,非洲板块与南美板块北部仍然连接在一起,非洲板块和南美板块中南部构成一个大的狭长形的海湾,海水由南逐渐向北侵入。南加蓬次盆位于"海湾"的中部,处于海陆过渡环境。其中,阿普特(Aptian)早期盆地处于裂陷末期准平原化作用阶段,该时期沉积的甘巴(Gamba)组主要表现为以陆相碎屑沉积为主的填平补齐式沉积,由盆地陆上及浅水区至深水区沉积地层厚度差异较大;此后随着海侵作用的增强,沉积了以浅海相泥页岩和白云岩沉积为主的韦姆波(Vembo)组。至阿普特中晚期,随着海水周期性越过大西洋南部鲸鱼海岭(Whale ridge)及干旱气候的影响,包括加蓬盆地在内的西非中段盆地沉积了一套区域性的蒸发岩。整体上阿普特(Aptian)期沉积过程是连续的,表现为正旋回的演化特点,整套沉积物覆盖全盆地。早白垩世阿尔布(Albian)期以后,随着非洲板块与南美板块完全分离,加蓬盆地构造演化进入漂移阶段。该阶段盆地沉积、沉降中心位于北加蓬次盆,地层以海相沉积为主,早期为陆架边缘碳酸盐岩沉积和近岸滨、浅海碎屑岩沉积,晚期则发育半深海-深海相沉积。

3.1.2　沉积相特征

加蓬盆地下白垩统盐岩及盐下地层以陆相河流、三角洲、滨浅湖和半深湖-深湖相沉积为主,整体表现为水退旋回沉积序列,下部发育湖相泥岩,中上部发育河流-三角洲砂体,顶部以潮坪、潟湖等海相沉积为主(表 3.1、图 3.1)。各沉积单元沉积相特征如下。

表 3.1　加蓬盆地盐下白垩统沉积相类型表

相		亚　相
陆　相	三角洲	三角洲平原
		三角洲内前缘
		三角洲外前缘
	河流	河道
		泛滥平原
	湖泊	滨浅湖
		半深湖
		深湖
海　相	潮坪	泥坪
		混合评
		砂坪
		潮道
	潟湖	

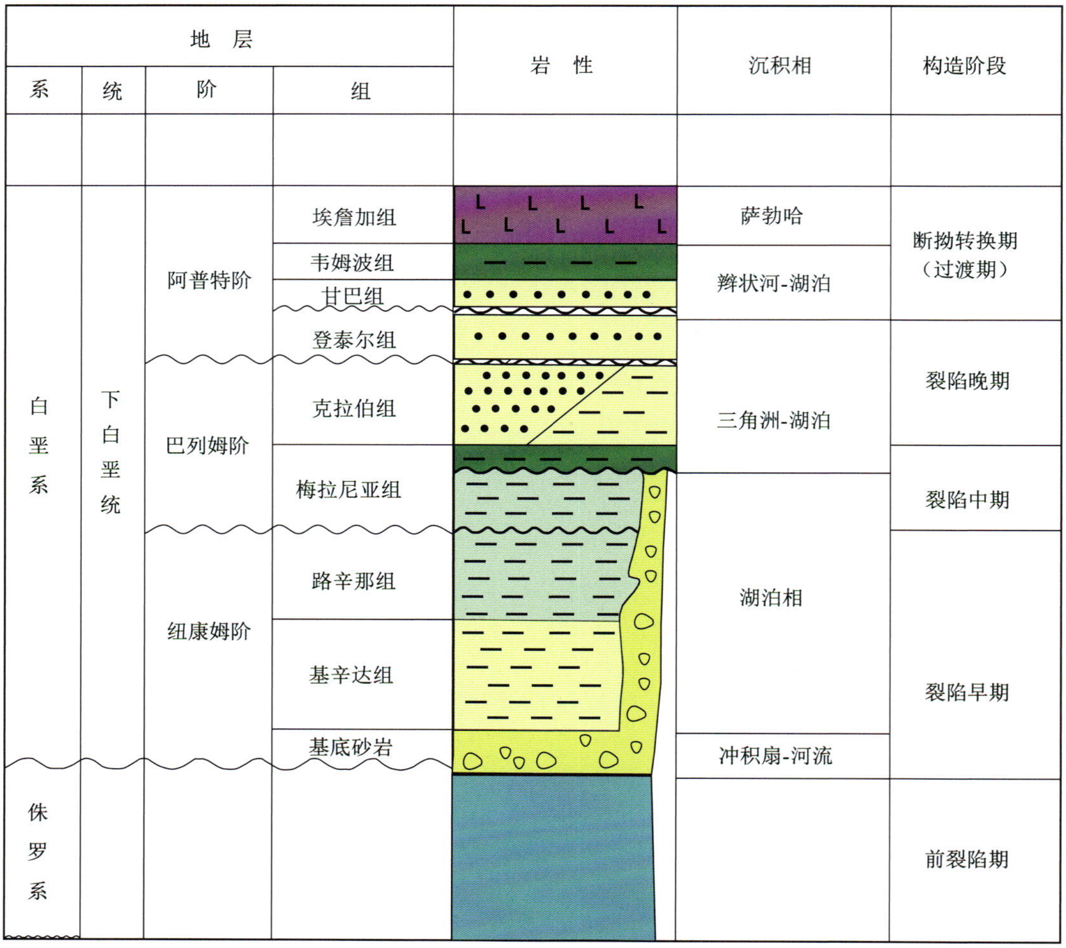

地　层				岩　性	沉积相	构造阶段
系	统	阶	组			
白垩系	下白垩统	阿普特阶	埃詹加组		萨勃哈	断拗转换期（过渡期）
			韦姆波组		辫状河-湖泊	
			甘巴组			
		巴列姆阶	登泰尔组		三角洲-湖泊	裂陷晚期
			克拉伯组			
			梅拉尼亚组			裂陷中期
		纽康姆阶	路辛那组		湖泊相	裂陷早期
			基辛达组			
			基底砂岩		冲积扇-河流	
侏罗系						前裂陷期

图 3.1　加蓬盆地盐下沉积演化序列

　　基辛达(Kissenda)组沉积时期盆地整体以湖相沉积为主,物源区位于东侧,沉积物主要向中央凹陷带搬运,沉积相表现为由盆地东侧边缘的河流相过渡到西侧的湖泊相。梅拉尼亚(Melania)组沉积时期基本上继承了前期湖泊相沉积的背景,盆地整体以滨浅湖-深湖相沉积为主,物源仍以东侧为主。但此时北加蓬次盆东部、中部局部地区受物源及古地形控制,发育河流-三角洲相沉积,西部以滨浅湖相沉积为主。克拉伯(Crabe)组沉积时期,北加蓬次盆距物源近的东部以河流相沉积为主,砂岩发育;中部及东部局部地区发育小型冲积扇,物源来自局部高地,可见砾岩沉积;西侧为滨浅湖-半深湖相沉积,主要为薄层砂岩及泥岩沉积。南加蓬次盆南部为三角洲、湖泊相沉积,其总体沉积趋势为北东—南西向,依次发育河流-三角洲-湖泊相沉积。阿普特(Aptian)阶登泰尔(Dentale)组沉积继承了克拉伯(Crabe)组沉积特征,仍以陆相沉积为主,物源方向为北东—南西向。受湖平面下降及盆地局部抬升影响,沉积体系继续向西推进。其中,北加蓬次盆东部近物源区以河流相沉积为主;中部为局部高地供给物源的冲积扇-河流相沉积,发育砾岩、砂砾岩等粗碎屑;西侧为三角洲-湖泊相沉积。该阶段,南加蓬次盆沉积格局与北加蓬次盆相似,但是物源向西侧湖盆推进更远,河流-三角洲相沉积更为发育(图 3.2)。

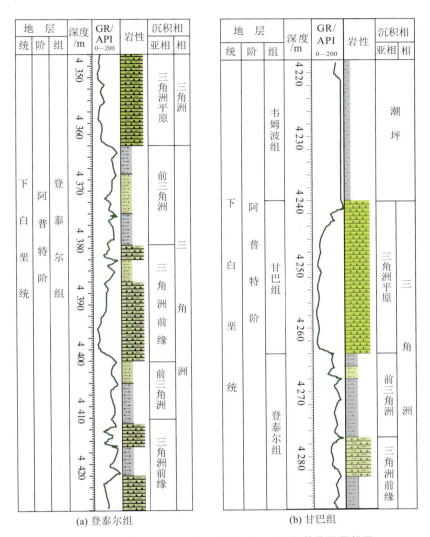

(a) 登泰尔组　　　　(b) 甘巴组

图 3.2　登泰尔(Dentale)组—甘巴(Gamba)组单井沉积相图

甘巴(Gamba)组为断拗转换阶段(过渡期)中早期沉积物。其中,甘巴(Gamba)组整体表现为准平原化背景下的河流-三角洲相砂岩沉积,向盆地西部逐渐过渡为湖泊相沉积。物源主要来自盆地东侧刚果克拉通,物源方向以北东—南西向或近东西向为主。韦姆波(Vembo)组沉积时期受海水侵入及古气候影响,整体为水体不断上升背景下的湖相沉积。区域上该套地层岩性比较稳定,主要为泥岩和少量碳酸盐岩,上部常以泥页岩为主,下部可出现少量灰岩和白云岩,局部地区有硬石膏沉积,可能代表了潮坪-潟湖沉积环境(图 3.3)。

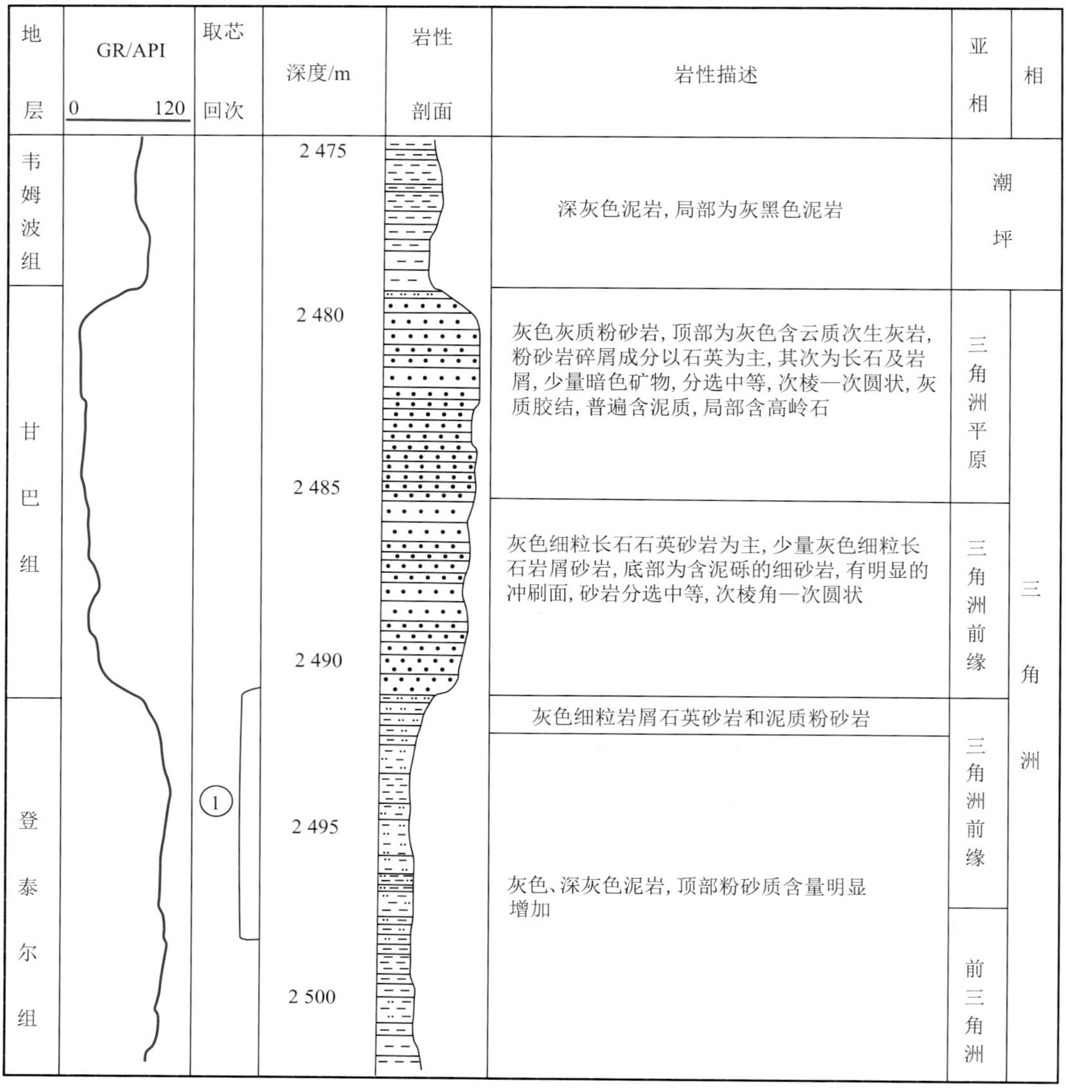

地层	GR/API 0　120	取芯回次	深度/m	岩性剖面	岩性描述	亚相	相
韦姆波组			2 475		深灰色泥岩,局部为灰黑色泥岩	潮坪	
甘巴组			2 480		灰色灰质粉砂岩,顶部为灰色含云质次生灰岩,粉砂岩碎屑成分以石英为主,其次为长石及岩屑,少量暗色矿物,分选中等,次棱—次圆状,灰质胶结,普遍含泥质,局部含高岭石	三角洲平原	三角洲
			2 485		灰色细粒长石石英砂岩为主,少量灰色细粒长石岩屑砂岩,底部为含泥砾的细砂岩,有明显的冲刷面,砂岩分选中等,次棱角—次圆状	三角洲前缘	
			2 490				
					灰色细粒岩屑石英砂岩和泥质粉砂岩	三角洲前缘	
登泰尔组		①	2 495		灰色、深灰色泥岩,顶部粉砂质含量明显增加		
			2 500			前三角洲	

图 3.3　登泰尔(Dentale)组—韦姆波(Vembo)组单井沉积相图

3.2　深水区层序划分

全球性海平面升降变化可能对陆内裂陷盆地层序发育模式影响较小,起源于被动大陆边缘的层序地层模式难以适用于陆内裂陷盆地层序划分。而湖平面变化、气候及沉积物供应速率是陆内裂陷层序,特别是低级别层序发育的主要控制因素。加蓬盆地在早白垩世纽康姆(Neocomian)期—巴列姆(Barremian)期为典型的陆内裂陷盆地,因而对该时期沉积地层的层序划分及层序模式的研究不能简单盲目地套用经典的被动陆缘盆地漂移期海相层序地层模式,而应根据裂陷期沉积充填特点,综合各种适用于陆内裂陷地层序分析的方法进行层序地层研究,并总结盆地裂陷层序地层模式。目前,针对中国乃至全球范围内广泛分布的裂谷盆地层序地层研究,国内外学者都进行了广泛而深入的探索,也取得了长足的进展,建立了诸多有别于海相沉积层序的地层模式,并总结了裂谷盆地层序地层发育的主控因素,提出了许多有别于海相层序地层学的术语体系和层序地层划分方案等理论方法(徐怀大,1991;解习农和李思田,1993;纪有亮和张世奇,1996;姜在兴和李华启,1996;冯有良等,2000;朱筱敏等,2003;邓宏文等,2008),这些都为加蓬盆地裂陷地层层序地层划分对比研究提供了宝贵的理论基础和方法支撑。

3.2.1 层序划分依据

不同类型盆地中均可划分出不同级别的层序地层单元,一级和二级层序受全球性或区域性构造因素控制,其界面为区域性的不整合面,代表着重要的沉积间断;三级层序是层序地层划分的基本单元和基础性层序。对于各级层序地层单元的含义、划分准则,地质学家已有基本的共识,但对各级层序地层单元的成因,特别是三级层序的成因尚无合理的统一解释。此外,许多国内外研究者对各级层序地层单元给定了大致持续的时限,但其摆动的幅度较大(Miall and Miall,2001;Catuneanu et al.,2009;梅冥相,2015)。尽管如此,层序地层单元持续的时限对确定其级别仍有重要意义,同时也是油气勘探中确定研究工作精度的基本依据。

(1)一级层序

一级层序是由古构造运动、构造应力场转换面造成的盆地范围内大规模的区域性不整合界面,代表着盆地基底面或盆地收缩时的古风化剥蚀面,持续时限大于50 Ma。加蓬盆地作为陆内裂陷旋回和被动大陆边缘漂移旋回的叠加复合而成的一种沉积盆地,其形成过程中经历了由裂陷到漂移的构造性质和沉积类型的转换,整个演化过程中所充填的地层可划分为 2 个一级层序(图 3.4),即裂陷超层序和漂移超层序。加蓬盆地可以以裂陷晚期—过渡期沉积充填的盐岩顶面作为明显的一级层序界面,区域对比性很强。

(2)二级层序

在地层序列中,二级层序是持续时间很长的巨型层序地层单元,Vail 等(1977,1991)建议其时限为 3~50 Ma。二级层序也是构造层序,其发育受控于构造演化的周期性和幕式活动,通常与盆地构造演化阶段相关。可作为二级层序的界面通常是较为明显的区域性的不整合面和与之对应的整合面。

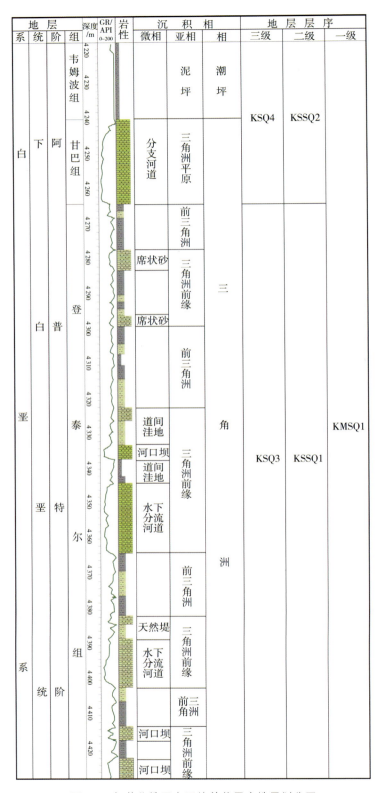

图 3.4　加蓬盆地下白垩统单井层序地层划分图

二级层序的作用范围较广,可能由全球性的海平面升降或区域性的构造运动所造成(Vail et al.,1987)。就加蓬盆地而言,构造运动在盆地演化及层序形成过程中起着更重要的作用。加蓬盆地盐下裂陷期充填地层的发育与同期构造作用密切相关,裂陷过程包括从早白垩世纽康姆(Neocomian)期—阿普特(Aptian)早期的裂陷早期、裂陷中期、裂陷晚期及过渡期,其裂陷期和过渡期沉积地层界限明显,所以盆地漂移期之前沉积充填的地层可划分为 2 个二级层序(图 3.5)。

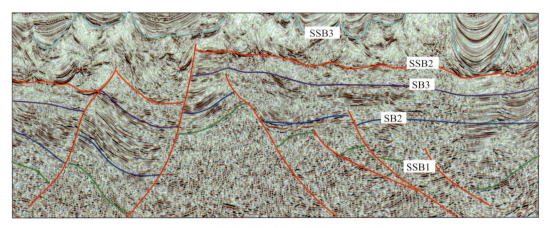

图 3.5 加蓬盆地盐下地震层序地层划分图

(3) 三级层序

三级层序是由不整合及其相应的整合面所确定的一套成因上有联系的地层单元,其时限为 0.5~3 Ma,其界面是不整合间断面和与其相应的整合面,此种不整合常常是低角度的侵蚀不整合。三级层序是层序地层研究中常用的基本单元。关于三级层序的成因迄今尚无明确的统一共识,多数学者认为是气候周期导致的基准面变化控制了三级层序的形成和旋回式交替(van Wagoner,1995)。部分学者则质疑上述观点,提出板内应力的强化和松弛引起的沉降速率变化可以造成相当于三级层序,甚至更低级别高频层序的形成和旋回式的交替(Cloetingh,1986;Peper et al.,1992;Yoshida et al.,1996)。

根据加蓬盆地盐前地层叠加样式及地层层序的界面特征,综合考虑少井和地震资料品质较差的研究条件及现阶段的研究目的,本研究将早白垩世纽康姆(Neocomian)期—阿普特(Aptian)期裂陷期—过渡期盆地充填地层划分为 4 个三级层序,层序界面分别相当于基底砂岩(basal sandstone)的底界面(SB1,距今 145.5 Ma)、梅拉尼亚(Melania)组底界面(SB2,距今 136.4 Ma)、登泰尔(Dentale)组底界面(SB3,距今 130 Ma)、甘巴(Gamba)组底界面(SB4,距今 118 Ma)及埃詹加(Ezanga)组盐岩顶界面(SB5,距今 112 Ma),其中 SB1、SB4 及 SB5 三级层序界面也是其所属二级层序界面。

3.2.2 层序地层划分方案

根据深水区构造演化规律、地层充填特点及地震反射特征分析,结合前人研究成果,将加蓬盆地划分为 2 个一级层序,其分别对应于裂陷期充填及漂移期充填。其中深水区下部裂陷期的一级层序可进一步划分为 2 个二级层序和 4 个三级层序,二级层序主要与裂陷期及过渡期两大演化阶段相对应,裂陷发育期形成的 3 个三级层序可能分别对应于裂陷早期、裂陷中期和裂陷晚期 3 个演化阶段(表 3.2)。

表 3.2 南加蓬次盆盐下层序地层划分方案

地层单元划分				构造演化阶段	层序地层划分	
系	统	阶	组		二级层序	三级层序
白垩系	下白垩统	阿普特(Aptian)	埃詹加(Ezanga)	断拗转换期	KSSQ2	KSQ4
			韦姆波(Vembo)			
			甘巴(Gamba)			
		巴列姆(Barremian)	登泰尔(Dentale)	裂陷晚期	KSSQ1	KSQ3
			克拉伯(Crabe)			
			梅拉尼亚(Melania)	裂陷中期		KSQ2
		纽康姆(Neocomian)	路辛那(Lucina)	裂陷早期		KSQ1
			基辛达(Kissenda)			
			基底砂岩(basal sandstone)			

3.3 层序界面识别

3.3.1 地震层序界面的识别方法

加蓬盆地盐下地层是充填在前白垩纪褶皱基底上经拉张裂陷作用形成的陆内裂陷中,在地层充填过程中经历的地质情况复杂,具体表现在:① 由于陆相沉积较为复杂,沉积类型多样,一般呈现多物源、点物源特点;② 盆地内盐下地层断裂构造复杂,由于断层的切割,地层的完整性及连续性遭到破坏,所以难以进行较为准确的横向追踪对比。加上盐层的影响,使得盐下的地震资料品质差,而且地层本身具有一定的扭曲变形,加之深水区钻井极少或无井钻遇该套地层,故利用钻井资料进行层序及井震地层对比几无可能。因此,对该区盐下地层层序的划分解释及分析,必须在充分利用现有的少量钻井资料的基础上,更广泛地应用地震资料进行层序解释。层序划分解释基本思路:针对加蓬盆地盐前缺乏钻井且地震品质较差等情况,利用地震资料进行层序划分解释时,以地质模式为指导,在符合地质规律的前提下,尽可能提高地震分辨率,以达到对层序界面的准确刻画;同时将数学方法(地震处理)与物理学方法(地震反射构型)相结合,通过不同属性(如振幅强度、频率大小分布等参数)计算等所确定的层序界面与地震反射结构及反射性态(地震反射同相轴的相互关系)所确定的层序界面相互对比、交互验证,尽可能剔除地震资料多解性和人为原因所造成的误差,提高地震层序地层划分解释的可靠性。

3.3.2　二级层序界面特征

二级层序一般反映低级别海(湖)平面变化或为盆地构造类型的转换而造成的地层堆积,以二级层序界面为边界。二级层序界面是盆地较大范围内可追踪的角度或微角度不整合面,与区域性的盆地构造运动有关(林畅松,2009)。二级层序界面在地震剖面上可以根据地震反射超削关系进行较好的识别。在深水区盐下相关层系中可识别出 3 个二级层序界面,重要特征如下。

SSB1:加蓬盆地为被动大陆边缘盆地,其形成演化是在前寒武纪结晶基底和前白垩纪褶皱基底上,通过早期裂陷作用而发展起来的。盆地范围内基底与上部沉积盖层的地层间的不整合面为层序界面,而且与盆地内一级层序界面相重合。由于深水区目前尚没有钻井揭示盆地基底,所以该层序界面之上的岩相特征尚难以确定。在地震剖面上,该界面深度在 7 000~10 000 m 之间,具有强振幅较连续的反射特征。界面上下地震相具有明显的差异,界面之上为中强振幅较连续反射平行—亚平行反射,界面之下以弱振幅断续—杂乱反射为主,同时可见界面之下较为明显的削截现象(图 3.6)。

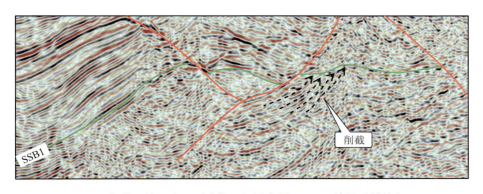

图 3.6　加蓬盆地深水区裂陷期二级层序界面 SSB1 地震反射特征图

SSB2：该二级层序界面代表了盆地裂陷期与过渡期的转换界面。由于阿普特（Aptian）早期裂陷作用趋于结束并转化为断拗期，所以该界面同时也是区域应力转换面。此时发生区域构造抬升，前期沉积地层遭受强烈剥蚀作用，造成地层不整合。该界面在地震剖面上比较容易识别，具有强振幅较连续的波峰反射特征，可以在全区进行追踪。界面之上以空白或杂乱反射为主，界面之下为中—弱振幅、中—高频、较连续反射，可见较为明显的削截反射终止关系(图 3.7)。

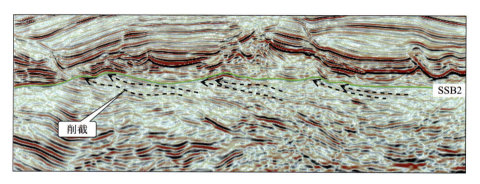

图 3.7　加蓬盆地深水区裂陷期二级层序界面 SSB2 地震剖面特征

SSB3：该界面与一级层序界面重合，为早白垩世纽康姆（Neocomian）期—阿普特（Aptian）期裂陷活动与阿尔布（Albian）期以来的漂移活动转换面，界面之下为陆相裂陷及海陆过渡相充填沉积所组成，界面之上属于漂移期的海相沉积充填层序。该界面相对其他两个二级层序界面更容易识别，对应于过渡层序顶部的蒸发沉积序列埃詹加（Ezanga）组盐岩的顶面。在地震剖面上，盐顶本身具有强振幅好连续的波峰反射特征。被动大陆边缘层序沉积后，盐岩在重力滑脱作用的影响下容易发生塑性变形，与上覆沉积地层在接触关系上表现为明显的不协调。界面之上（或周围）明显可见连续性极好的特征反射，而界面之下多为空白或杂乱反射。由于盐岩在后期构造演化过程中常发生盐上拱、盐刺穿、盐底劈等活动，这种经过复杂变形后的盐岩顶界在地震剖面上常表现为一个异常强波峰反射。以该特征反射波组为界，可以较好地将盐岩与上覆地层区分开来(图 3.8)。

3.3.3　三级层序界面特征

三级层序由不整合面和与其对应的整合面所限定。在裂陷层序内，根据层序内部地震反射特征以及反射同向轴间的接触关系，进一步划分出 4 个三级层序 KSQ1、KSQ2、KSQ3 和 KSQ4，识别出 5 个三级层序界面 SB1、SB2、SB3、SB4 和 SB5，其大致分别对应于基底、梅拉尼亚（Melania）组的底界面、登泰尔（Dentale）组的底界面、甘巴（Gamba）组底部的不整合界面及埃詹加（Ezanga）组的顶界面。其中层序 KSQ1

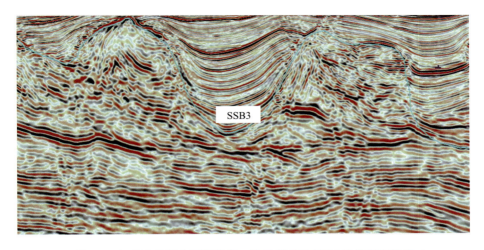

图 3.8 加蓬盆地深水区裂陷期二级层序界面 SSB3 地震剖面特征

的底界面 SB1 与二级层序界面 SSB1 重合,KSQ4 的顶界面 SB5 与二级层序界面 SSB2 重合。每个三级层序都是裂陷各期幕式构造旋回下的产物。KSQ1 形成于裂陷Ⅰ幕,相当于盆地的裂陷早期阶段;KSQ2 形成于裂陷Ⅱ幕,相当于盆地的裂陷中期阶段;KSQ3 形成于裂陷Ⅲ幕,对应于裂谷盆地的裂陷晚期阶段;KSQ4 形成于过渡期,层序具有明显的断拗结构特征。各三级层序界面主要特征如下。

SB1:为三级层序 KSQ1 的底界面,与早白垩世纽康姆(Neocomian)期底面重合,其年限为距今 141～135 Ma。该界面与前述的二级层序界面 SSB1 重合,故不做赘述。

SB2:该界面相当于梅拉尼亚(Melania)组底界面,表现为盆地由裂陷早期阶段向裂陷中期过渡的水进面。该界面在剖面上表现为强振幅较好连续的波峰反射特征。界面上下反射波组具有一定的差异,界面之上为较强—强振幅、较好—好连续反射,可见界面之上的上超现象;界面之下为中振幅、较连续—差连续反射特征,可见对下伏地层的削截特征(图 3.9)。

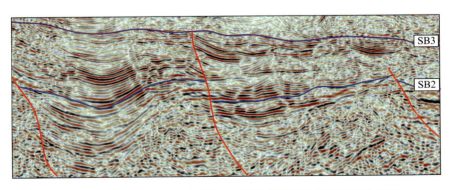

图 3.9 加蓬盆地深水区裂陷期三级层序界面 SB2 地震反射特征图

SB3：该界面与登泰尔（Dentale）组的底界面一致，相当于盆地由裂陷中期阶段向裂陷晚期阶段的过渡面。在剖面上该界面表现为强振幅好连续的波峰反射。该界面上下的反射波组也表现出一定的差异性。界面之上总体以中振幅、中高频、较连续反射为主；界面之下总体表现为强振幅、中高频、较好—好连续反射。该界面同时也是裂陷晚期阶段水退沉积的一个下超面，在该界面之上可见较为明显的前积反射特征（图 3.10）。在局部地区（例如洼陷边缘缓坡带）还可见该界面之下存在轻微的削截现象。

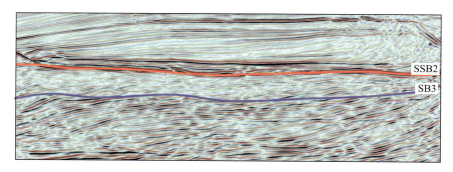

图 3.10　加蓬盆地深水区裂陷期三级层序界面 SB3 底超反射特征图

SB4：该界面与甘巴（Gamba）组底界面一致，与二级层序界面 SSB2 重合。界面整体较为平缓，反映裂陷晚期阶段填平补齐的沉积过程。该界面之下可见较为明显的削截现象。

SB5：该界面与二级层序界面 SSB3 重合，与埃詹加（Ezanga）组顶界面一致，其特征见前叙述。

3.4　层序特征及层序格架

3.4.1　建立层序地层格架的原则

层序地层学理论的兴起和应用是地学领域一项意义重大的革命性进展，它重塑了一个旋回式的、成因上有联系的年代地层格架，并在这一地层格架中探讨沉积体系和沉积相的时空分布规律（Wilgus et al.，1988）。本研究在层序地层格架建立时，充分结合了区域构造演化特征进行层序地层分析，所划分的 3 个二级层序相当于梁宏斌等人提出的"原型地层单元"概念，KSSQ1 相当于裂陷盆地原型，KSSQ2 相当于裂陷-坳陷盆地原型，而 KSSQ1 内进一步划分出的 4 个三级层序 KSQ1～KSQ4 相当于他们提出的"裂陷旋回单元"概念。

3.4.2　地震层序地层格架的建立

在建立层序地层格架时,可以通过井间层序地层对比进行,也可以通过井震桥式对比进行,还可以单纯通过骨干地震剖面对比进行。由于深水区尚无钻井资料,层序地层格架的建立主要依赖于骨架地震剖面对比进行。

1) 骨架剖面的优选

对于裂陷型层序而言,所建立的层序地层格架首先应是能够较为直观真实地反映裂陷盆地或盆地内凹陷的构造形态特征,并在这个总体构造框架的控制下讨论盆地或凹陷内所充填的地层、沉积展布特征才有意义。深水区受 3 条近南北向—南东向的主干断裂控制,形成 3 个具有箕状断陷特征的凹陷,凹陷延伸方向与主干断裂走向基本一致。因此,依据构造展布特征,骨干剖面应选取垂直或近于垂直主干断裂走向的主测线方向剖面;另外,垂直于主干断裂走向的主测线剖面能够更直观真实地反映断裂的倾向以及地层的展布特点,能够让研究人员更合理地利用地质模式进行构造、沉积以及层序的地震解释。这在深水区盐下资料品质差的情况下显得特别重要。

综合以上分析,在深水区选取了平行于构造展布方向的剖面,即平行于裂陷延伸方向和垂直于裂陷延伸方向的剖面作为骨架剖面。

2) 裂陷期地震层序地层格架特征

以南西—北东向剖面作为骨架剖面,通过对各级层序界面的识别,以及对各级层序内部反射构型及地层旋回分析,建立了深水区地震层序地层格架。将断陷期—断拗转换期沉积地层单元划分为 2 个二级层序(KSSQ1 和 KSSQ2),KSSQ1 代表盆地断陷层序,KSSQ2 代表盆地断拗转换层序。KSSQ2 断拗转换层序对应于阿普特(Aptian)阶甘巴(Gamba)组、韦姆波(Vembo)组和埃詹加(Ezanga)组沉积地层单元。区域上,埃詹加(Ezanga)组盐岩厚度为 800~1 500 m,而甘巴(Gamba)组及韦姆波(Vembo)组只有几十米厚,加之受地震资料分辨率的影响以及广泛的盐岩变形,根据层序内部反射构型或者借助时频分析等方法对沉积旋回进行次级层序分析有一定困难,因而该二级层序没有进一步划分。本研究主要对下部 KSSQ1 断陷层序进行三级层序划分,在 KSSQ1 内根据层序内部地震反射构型及反射结构,以及地震时频分析方法反映沉积旋回变化(图 3.11),结合区域构造旋回演化阶段特点,将 KSSQ1 进一步划分为 4 个三级层序,即 KSQ1、KSQ2、KSQ3 和 KSQ4。

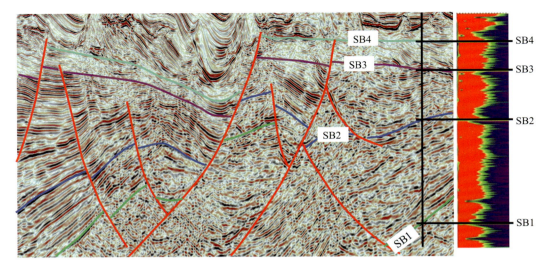

图 3.11　加蓬盆地深水区裂陷期地层地震层序地层格架剖面图

（1）时频分析技术基本原理

时频分析作为一项新兴的信号处理方法越来越受到人们的重视，并被广泛应用于层序划分，特别是缺乏井资料区域的层序地层学研究。其基本理论认为地质体是不同级别的层序体相互结合而成的，不同级别的层序体内部在沉积上具有旋回性，形成沉积旋回体，代表着载体岩性变化的韵律，引入频率参数的意义，则表现为频率随地层厚度或岩性变化而做有规律的变化（一般情况下高频对应较薄地层或较细颗粒，低频对应较厚地层或较粗颗粒）。利用这种变化可以将地震剖面的频率特征详细划分为不同尺度的地震层序目标，研究地质体的层序厚度变化和岩性变化规律，进而可以进行地震旋回体解释。

利用时频技术进行地震层序旋回特征分析是一项十分直观和有效的地震资料特殊解释方法，它很好地结合了地质认识与地震数据的综合应用。利用此项技术可以将层序地震学上的沉积旋回体与地震资料的时频特征很好地联系起来，在地震剖面上形象地划分地震旋回特性、指出层理结构、恢复古地貌，并以此来分析沉积环境、推测物源方向等。

目前针对时频分析的方法有很多，如短时傅里叶变换、小波变换、希尔伯特-黄变化、S 变换等。本研究中利用了 S 变换，该算法继承了小波变换的多分辨率性，且为线性变换。通过对地震信号做 S 变换并进行能量归一化，在得到的信号时频能量谱上，沉积旋回与能量谱具有较强的对应关系，表现为主频极值从下到上，由高频变为低频，反映的是正旋回沉积（湖进）；主频极值从下到上，由低频变为高频，反映的是反旋回沉积（湖退）。

（2）裂陷期地震层序地层格架特征

① KSQ1 层序地层特征。

该层序属于裂谷盆地演化中的裂陷早期阶段充填的地层，层序底部界面与底部二级层序界面的区域不整合面 SSB1 重合。在层序内部，地震反射构型以杂乱或较连续—差连续反射为主，具有弱振幅、中等—差连续地震反射结构特征。时频图谱表明，该层序以中低频组分为主，而层序上部主频极值向上减小，尤其到层序顶部界面附近，主频极值发生明显减小（图 3.11），表明该界面处可能是上下地层岩性或岩相转换的突变面。结合区域地质背景分析可以看出，层序 KSQ1 对应于基底砂岩（basal sandstone）、上覆的基辛达组（Kissenda formation）和路辛那组（Lucina formation）。从该层序地层的分布来看，在断层控制的洼陷区地层厚度大，而在凸起区地层厚度较薄（图 3.12），反映出控洼主断裂对地层充填的控制作用。除此之外，由于区域沉积背景的控制，层序充填整体上北部、东部及东北部地层较薄，而西部地层厚度较大。层序发育的区域沉积体系背景显示，沉积体系主要为河流、三角洲及湖泊相沉积。

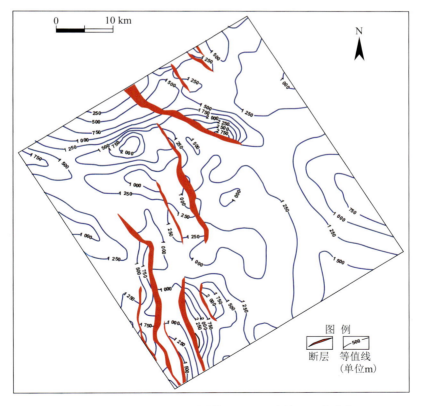

图 3.12 加蓬盆地深水区裂陷期 KSQ1 层序地层厚度分布图

② KSQ2 层序地层特征。

该层序代表了裂谷盆地裂陷中期阶段的地层充填,层序底界面相当于湖盆扩张期初始水进面,界面之上局部可以看到后期沉积充填地层对界面的超覆现象(图 3.5)。在层序内部,地震反射构型多表现为平行—亚平行特征,反射结构特征多表现为中—强振幅、较好—好连续反射。在时频图谱上,该层序以中高频组分为主,可见多处阈值变化构成的旋回,表明该层序为砂泥岩薄互层构成的多个沉积旋回,代表了裂谷盆地强烈扩张期的沉积特征。从地层发育特点看,该层序 KSQ2 对应于梅拉尼亚组(Melania formation)沉积时期的沉积。从地层分布厚度来看,该层序在整个深水区分布广泛,厚度为 200~2 000 m。其中,中部地层厚度较小(图 3.13),可能反映出整体强裂谷背景下局部受基底断裂的影响。从区域岩性分布来看,该层序由底部砂岩段和上部泥页岩段组成,尤其顶部泥页岩段厚度可达 200~600 m,为区域性的烃源岩。据 IHS 统计,该套烃源岩 TOC 平均值可达 6.1%,最高可达 20%。在没有井资料标定的情况下,仅从地震资料看,KSQ2 层序顶界面 SB3 对应于其顶部的一个强相位。

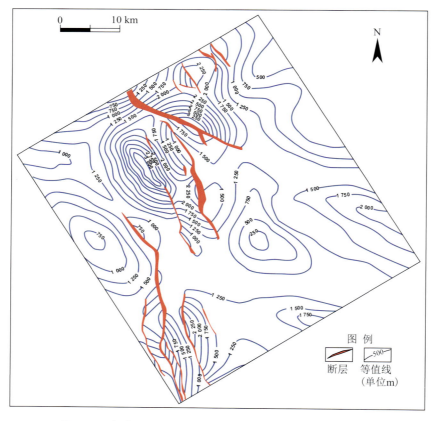

图 3.13　加蓬盆地深水区裂陷期 KSQ2 层序地层厚度分布图

③ KSQ3 层序地层特征。

该层序形成于裂谷盆地裂陷晚期的初始阶段。在层序下部,地震反射结构以平行—亚平行为主,局部地区可见不太明显的前积地震相。在时频图谱上,该层序以中高频组分为主,层序顶部也可见明显的阈值变化。在层序上部,可见较为明显的前积反射地震相(图 3.14),反射结构一般表现为中等振幅、中等连续的特征。在时频分析图谱上,深水区北部与南部具有较大差别。在深水区南部,该套层序下部主要为低频组分,向上中高频组分增加,再向上低频组分增加,到层序顶部主频极值明显减小;而在深水区北部,层序下部主要为中低频组分,向上具有多个由低频到高频组分组成的旋回构成。从层序 KSQ3 构成看,相当于由克拉伯(Crabe)组和登泰尔(Dentale)组组成。从区域岩性分布上看,下部为灰绿色泥岩,厚度为 300～700 m,偶见碳酸盐脉;而层序上部由上下两段组成,底部较上部富含泥,上段富砂,厚度可达 200 m,可能代表了高位时期的沉积。

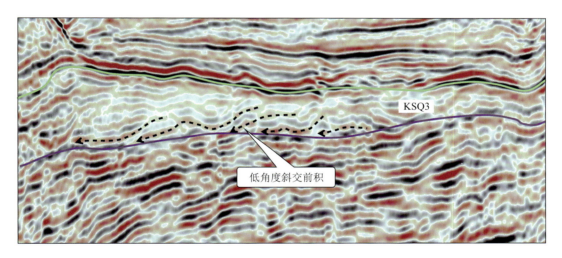

图 3.14　加蓬盆地深水区裂陷期 KSQ3 层序内部前积反射特征

从地层厚度分布来看,该层序在深水区均有分布,厚度分布范围为 500～1 500 m,整体上北部地层厚度较小,南部地层厚度较大,深水区东北部地层厚度最小(图 3.15),可能更靠近沉积物源区。以上地层分布特征表明,该层序沉积时期局部基底断裂的活动对盆地充填的影响已经极小或接近消失,可能主要受裂陷晚期基底区域抬升的影响。同时,该层序格架内的三角洲沉积是盆地内一套重要储层,埋深在 1 000 m 左右时,孔隙度最高可达 29%,渗透率最高可达 $1\,000 \times 10^{-3}\ \mu m^2$。

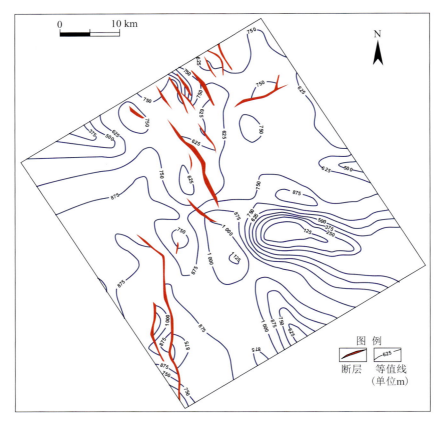

图 3.15　加蓬盆地深水区裂陷期 KSQ3 层序地层厚度分布图

3.5　沉积物源分析

由于加蓬盆地地质研究资料较为缺乏,尤其缺乏钻井资料,难以进行常规的物源分析,所以要对深水区沉积物源进行分析,首先必须充分利用前人的研究资料和成果,在熟悉区域地质背景的基础上,确定深水区内构造特征和盆地构造演化,厘定盐下各地层单元的古地貌格局;然后以沉积学、沉积地球化学、层序地层学、构造地质学等学科为理论基础,结合地震资料处理与解释,对深水区物源进行综合分析。

深水区物源分析主要包括以下几方面的内容:

① 通过地震解释,编绘出沉积时的古地貌图,以辅助对物源区的判断。

② 根据地层追踪解释结果,编绘地层等厚度图,确定沉积、沉降中心,以辅助物源区及物源方向分析(图 3.16)。

③ 根据对地震反射特征的分析,利用斜交前积反射特征,尽量挖掘反映古流向的信息。因为斜交前积反射不但反映了古水流流向,而且前积反射的类型(具有不

同的前积倾角)也反映了沉积体沉积时期的水动力条件,可以辅助物源方向的研究。

④ 通过地震剖面上不同类型典型地震相(如 S 形斜交前积、切线斜交前积楔状或丘状等)的分析,结合古地貌分析,通过相类型的平面展布特征,确定全区可能的沉积物来源及方向。前人经过研究认为,地震反射前积结构的类型多种多样。由于沉积坡度、沉积速率、水动力强度及水深等因素的差别,侧向加积沉积物的地震响应可显示出 S 形、斜交形、复合形、叠瓦状以及乱岗状前积反射结构模式。S 形前积反射反映相对少的沉积物供给、相对弱的水动力条件、相对快的盆地沉降或快速的海(湖)面上升;斜交形前积反射有相对高的沉积物供给速度、相对强的水动力能量和缓慢的盆地沉降;S 形-斜交复合形前积反射结构有较强的水动力能量,是 S 形前积反射与斜交前积反射结构相互交替形成的产物。S 形前积、斜交形前积以及复合形前积常常是河控三角洲的地震响应。叠瓦状前积反射结构常常是前积于浅水中沉积体的地震响应,有人认为它是浪控三角洲的典型地震反射。乱岗状斜坡反射结构起伏较低,常与前积反射结构伴生,往往认为它是前三角洲或三角洲间位置上呈指状交互的斜坡朵叶的地震响应。

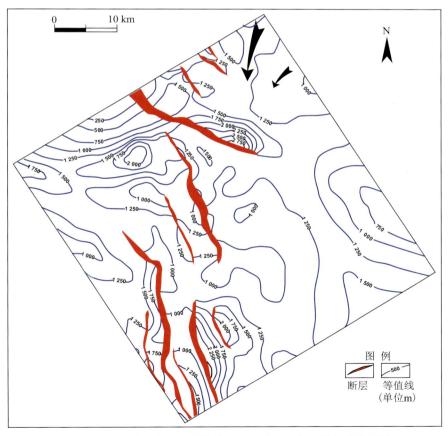

图 3.16　加蓬盆地深水区裂陷期地层厚度分布图与区域沉积物源方向

3.6　地震沉积学分析

3.6.1　地震反射构型分析

地震反射构型(即地震相)是沉积相或沉积环境在地震剖面上的反射表现,在一定区域内地震反射单元里的地震属性参数与周边的反射存在差异,这种差异反映了沉积物的岩性组合特征、层理以及沉积特征。地震相分析就是在地震层序划分的基础上,利用地震参数特征上的差别,将地震层序划分为不同的地震相区。

作为地震相划分依据的地震反射参数主要有反射形态、结构、同相轴连续性、振幅、频率、层速度等。这些参数可以分为两大类:第一类为地震相几何参数,包括地震相的外形、地震相的内部结构以及地震相在顶界面和底界面的接触关系,这类参数的特点是特征较为明显;第二类为地震相物理参数,包括地震反射的振幅、频率和连续性,其特征不如第一类明显(陆基孟,1993)。

地震相的几何参数反映地震相的沉积环境、沉积结构以及沉积的物源方向等;地震相的物理参数反映沉积物类型和差异,其中振幅反映层与层间岩性的差异性,同相轴的连续性反映沉积环境或岩性的横向稳定性,频率则反映地层岩性的纵向稳定性。

受资料限制,需要通过地震相分析来进行深水区内物源及沉积体系分析。项目研究以地震相几何参数(内部反射结构、外部反射形态)分析为主、以物理参数分析为辅进行相关的物源及沉积体系分析。

1) 外部形态

不同的沉积体或沉积体系在外形上是有差别的,即使是相似的反射结构,由于外形的不同,也往往反映完全不同的沉积环境。目前常见的外部形态包括席状、席状披盖、楔状、透镜状、丘状和充填状等(表3.3)。

席状:席状反射是地震剖面上很常见的外形之一,其主要特点是上下界面接近平行,厚度相对稳定。席状相单元内部通常为平行、亚平行或乱岗状反射结构,可代表深湖、半深湖等稳定沉积环境和滨浅湖、冲积平原等不稳定沉积环境。

楔状:特点是在倾向方向上厚度向一个方向逐渐增厚,向相反方向逐渐减薄至终止;在走向方向则常呈丘状。楔状代表一种快速、不均匀的下沉作用,往往出现在同生断层下降盘、大陆斜坡侧壁的三角洲、浊积扇和海底扇中,是陆相断陷湖盆最常见的地震相单元。楔状相单元内部若为前积反射结构,常代表扇三角洲;若分布在同生断层下降盘,而且内部为杂乱、空白、杂乱前积或帚状前积,则是近岸水下扇、冲积扇或其他近源沉积体的较好反映。

表 3.3   加蓬盆地深水区裂陷期主要地震相类型

| 序号 | 地震相类型 | | | 解释模型 | | 对应沉积相 | 图　示 |
	类　型	外部形态	内部反射结构特征	三维模型	剖面形态		
1	平行—亚平行地震相	席　状	中—强振幅、好连续、平行—亚平行相	席状	平行状 亚平行状	湖　相	
2	前积地震相	楔　状	中—弱振幅、中—差连续、前积相	楔状	S形 斜交形 叠瓦形	三角洲相	
3	楔状地震相		中振幅、中—好连续、发散相		发散状	湖相-三角洲相	
4	杂乱地震相	充填状	中—弱振幅、中—差连续、乱岗相	扇	乱岗状 杂乱状	冲积扇、扇三角洲相	

　　透镜状：特点是中部厚度大，向两侧尖灭，外形呈透镜体。一般出现在古河床、沿岸砂坝处，有时在沉积斜坡上也可见到透镜体。

　　丘状：特点是凸起或层状地层上隆，上覆地层上超于丘状之上，大多数丘状是由碎屑岩快速堆积形成的正地形。不同成因的丘状体具有不同的外形，根据外形的差异可以分为简单扇形复合体（如水下扇、三角洲朵叶）、重力滑塌块体、等高流丘。丘状外形在断陷盆地边界也很常见。近岸水下扇、冲积扇等的走向剖面也常显示丘状。湖盆内部的中、小型三维丘状体，特别是在其顶面有披盖反射出现时，是浊积扇的标志。

　　充填状：充填外形的判别标志是下凹的底面，它反映了冲刷-充填构造或断层、构造弯曲、下部物质流失引起的局部沉降作用。根据外形的差别可划分为河道充填、海槽充填、盆地充填和斜坡前缘充填等。根据内部结构还可以划分为上超充填、丘状上超充填、发散充填、前积充填、杂乱充填和复合充填等。充填状代表各种成因的沉积体,如侵蚀河道、水下扇、滑塌堆积等。

2)内部反射结构

平行与亚平行反射结构:以反射层平行或微微起伏为主要特征。它往往出现在席状、席状披盖及充填状单元中。平行与亚平行反射结构代表均匀沉降稳定的盆地平原背景上的匀速沉积作用。

发散反射结构:相邻两个反射层向同一个方向倾斜,在发散方向上反射增多并加厚,在收敛方向上反射突然终止。发散反射结构一般出现在楔状单元中,表明沉降速度差异不均衡。

前积反射结构:通常反映某种携带沉积物的水流在向前(向盆地)推进(前积)的过程中,由前积作用产生的反射结构,这种反射结构在地震剖面上最容易识别。它在倾向剖面上相对于上下反射层系均是斜交的,是三角洲体系向盆地方向迁移过程中沉积在前三角洲相的地震响应。根据其内部形态上的差别,可以进一步划分为S形、斜交形、S复合斜交形、切线斜交形和叠瓦状5种。前积结构在不同方向的测线上表现形式不同,在倾向方向上呈前积形,在走向方向上则呈丘状。

乱岗状反射结构:由不规则的、不连续亚平行的反射组成,常有许多非系统性的反射终止和同相轴分裂现象,波动起伏幅度小,接近地震分辨率的极限。乱岗状反射结构侧向变为比较大的明显的斜坡沉积模式,向上递变为平行反射。该反射结构代表一种分散弱水流或河流之间的堆积,解释为前三角洲或三角洲之间指状交互的较小的斜坡朵叶地层。

杂乱状反射结构:不连续的、不规则的反射,振幅短而强。它可以是地层受到剧烈变形,破坏了连续性之后形成的,也可以是在变化不定相对高能环境下沉积的。在滑塌结构、切割与充填河道综合体、高度断裂的、褶皱的或扭曲的地层都可能产生这种反射结构。

根据整个地震研究区三维地震剖面分析,对地震相的命名采取外部反射形态与内部反射结构相结合的方式,将深水区地震相类型主要分为席状平行—亚平行地震相、席状或楔状前积地震相、楔状地震相以及丘状杂乱地震相等,各地震相特征差异明显。

(1)席状平行—亚平行地震相

该地震相反射外形以席状为特征,即上下反射层呈平行或近平行接触关系。从内部地震反射结构来看,该地震相由平行或近平行的地震反射同相轴构成。地震反射同相轴以中—强振幅、中—好连续、平行或近平行为特征(图3.17)。该地震相在裂谷期裂陷中期阶段形成的三级层序内垂直物源方向的地震测线上特征最为明显。此外可反映在断陷湖盆深陷期区域内相对稳定、沉积水动力中等偏低的沉积环境,以湖相泥质沉积为主。三角洲前缘或前三角洲也常具有这种地震相特征,但分布范围有限,且在没有钻井资料标定的情况下很难定论一个沉积亚相类型。

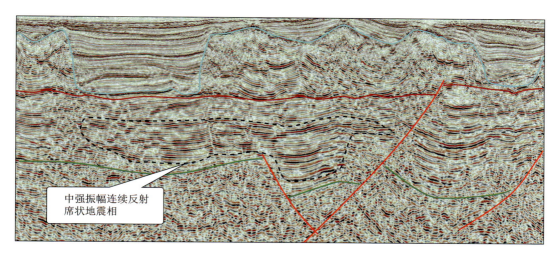

图 3.17　加蓬盆地深水区裂陷期席状平行—亚平行中强振幅连续反射地震相

（2）席状或楔状前积地震相

前积地震相由一组向同方向倾斜的同相轴组成,与其上覆和下伏的平坦同相轴成角度或切线相交,在地震剖面上较易识别。加蓬盆地深水区具有高角度斜交前积和低角度斜交前积两种前积地震相类型,外部形态主要为楔状,振幅一般为中等偏弱,连续性为中等或差连续,它反映三角洲体系向盆地方向的迁移过程。如图 3.18所示前积类型地震反射振幅较强,连续性较好。前积地震相可进一步分为高角度斜交前积和低角度斜交前积,区别在于前积结构与下伏平坦同相轴斜交的角度不同。高角度斜交前积反映三角洲体系向盆地方向的快速迁移,低角度斜交前积则反映一种三角洲体系缓慢向盆地方向迁移的沉积过程。而前积速度的快慢必然受水动力条件以及沉积物供给控制。

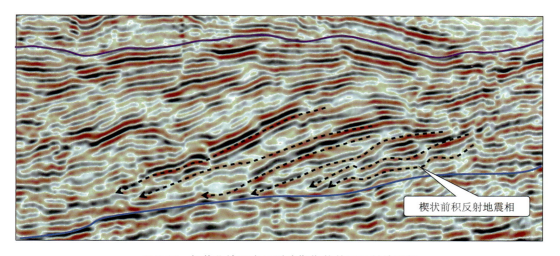

图 3.18　加蓬盆地深水区裂陷期楔状前积反射地震相

此外,近年来,利用地震资料尤其是地震前积反射结构进行古水流方向分析,进而判断物源区或物源方向,越来越受到人们的青睐。众所周知,古水流方向可以以层理的形式清楚地反映到沉积构造上,例如掌握了槽状交错层理在三维空间的位置就可以确定古水流方向。不仅如此,古水流方向还可以以前积反射的形式反映在地震剖面上。当地层前积方向与选择的地震测线方向一致时,地震剖面上的前积反射形态能够较为准确地反映地层的前积方向,即古水流方向。在北东东—南西西向(主测线方向)地震剖面上,裂谷层序顶部 KSQ3 内可以见到较为明显的高角度斜交前积地震反射特征,该前积体指示古水流方向为 NNE—SSW 向,据此推测深水区东北部凹陷带晚裂谷期可能存在来自北北东(或与之相近)方向的物源。同样,在深水区东南部凹陷带 KSQ3 层序内可见前积体前积方向为 SSW 向,据此推测该凹陷带裂陷晚期可能存在来自北北东(或与之相近的方向)方向的物源。

(3)楔状地震相

深水区楔状地震相由一系列中—强振幅、中等到强连续、发散状反射同向轴组成(图 3.19)。该地震相向湖盆中央厚度加大,向湖盆边缘减薄,反映湖相(深湖-滨浅湖)-三角洲相(三角洲前缘-三角洲平原)沉积体系,在裂谷系 KSQ2 层序较为发育,主要分布在各凹陷边界大断层附近,多位于中部次凹带。

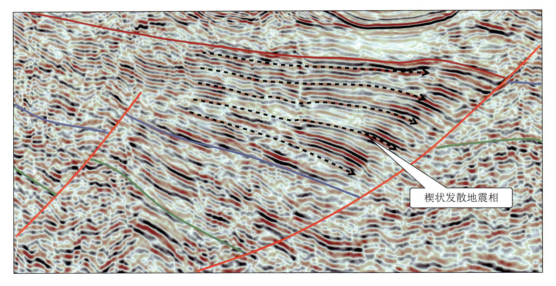

楔状发散地震相

图 3.19　加蓬盆地深水区裂陷期楔状发散地震相图

(4)丘状杂乱地震相

深水区杂乱地震相由一系列不规则的、不连续的反射同相轴组成。该地震相外部形态为充填状或丘状,内部反射结构杂乱无序,振幅强度变化较大(图 3.20)。该反射结构代表水动力条件动荡不定且能量较高环境下形成的产物。该地震相反映冲积扇、扇三角洲等粗杂沉积物在能量变化不定的高能环境下快速堆积的结果。其在各层序中均有分布,主要发育在边界断裂附近以及断裂活动频繁的地区。

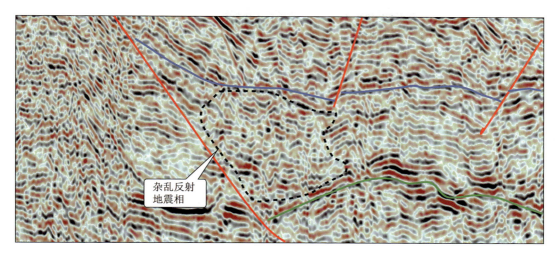

图 3.20　加蓬盆地深水区裂陷期杂乱反射地震相图

　　利用上述典型地震相分析对典型剖面进行综合分析,形成了深水区裂谷系发育的沉积体系初步认识,即在控洼断裂一侧常发育丘状杂乱反射或小型楔状前积反射地震相,一般反映扇三角洲或水下扇沉积;而在盆地或洼陷缓坡可发育较大型楔状前积反射或平行—亚平行席状反射所代表的河流、三角洲-湖泊相沉积,如图 3.21 所示。不同三级层序内地震相的平面分布具有一定的规律性,如 KSQ1 及 KSQ3 层序 BC-9 区靠近物源区主要发育楔状或席状前积反射地震相,而远离物源区则发育平行—亚平行席状、楔状发散或充填地震相。KSQ2 层序(相当于梅拉尼亚组)地震相多以平行—亚平行席状或楔状发散地震相为主,局部可出现小范围的丘状或充填状杂乱地震相。

3.6.2　地震属性分析

　　地震属性是叠前或者叠后地震数据经数学变换而导出的有关地震波的几何形态、运动学特征、动力学特征和统计学特征。长期以来地震数据的使用仅仅局限于对地震波同相轴的拾取,以实现面对油气储集体的几何形态、构造特征的描述。但是地震数据中隐藏着更加丰富的有关岩性、物性及流体成分等的信息。因此,进行地震属性分析可以拾取隐藏在这些数据中的有关岩性和物性信息。地震属性可分为 4 类:时间属性、振幅属性、频率属性和吸收衰减属性。其中,源于时间的属性提供构造方面的信息,源于振幅的属性提供地层和储层属性信息,源于频率的属性提供其他有用的储层信息,吸收衰减属性可以反映储层渗透率、流体性质等信息。

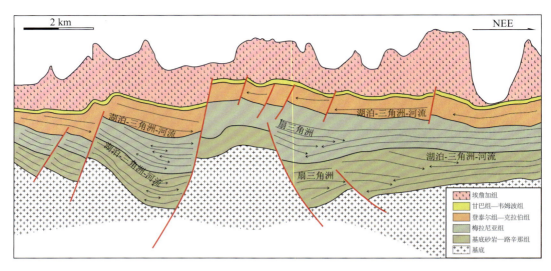

图 3.21　加蓬盆地深水区裂陷期二级层序 KSSQ1 沉积体系

　　一般认为,地震参数如反射结构、几何外形、振幅、频率、连续性和层速度代表产生其反射沉积物的一定岩性组合、层理和沉积特征。因此,地震属性的岩性与岩相预测方法就是建立地震属性与岩性、岩相之间的统计关系,通过分析地震数据的反射特征和波动力学特征预测岩性及沉积相的平面分布。传统的分析方法是通过肉眼观测来进行描述,即俗称的"相面法"。但是随着地震资料采集技术水平的不断提高,地震剖面上包含的地震信息更加丰富,而其中的许多信息只靠肉眼在地震剖面上观察是检测不出来的,必须借助地震数据处理技术和计算机技术加以提取、分析,并通过一定的数学方法对这些地震信息的地质特征加以解释。因此,产生了定量岩性与岩相地震相分析,并用多元统计方法进行研究。

　　本研究过程中所采用的地震属性主要包括振幅属性、频率属性和弧长属性。对于属性的提取采用动态时窗,进而分析不同三级层序不同地震属性的特点及其差异,从而达到对沉积相分析的辅助作用。例如,在北部靠近物源区的区域,KSQ1 层序的强均方根振幅呈朵状或条带状分布,而远离沉积物源区的南部均方根振幅整体较弱,并呈大范围面状分布(图 3.22)。

3.6.3　地层切片及分频解释

　　地震沉积学是在地质研究的基础上,充分应用地震信息研究沉积岩、沉积相及其形成过程的学科,是继地震地层学、层序地层学之后的又一门新的边缘交叉学科,它的理论基础涵盖了沉积学、层序地层学、测井地质学、地球物理学,它是在沉积学规律的指导下进行沉积岩、沉积相研究的,它和以往的工作方法相比,更多地应用了多种技术以获得地震信息。地震沉积学有别于经典的地震地层学,其主要应用地震资料

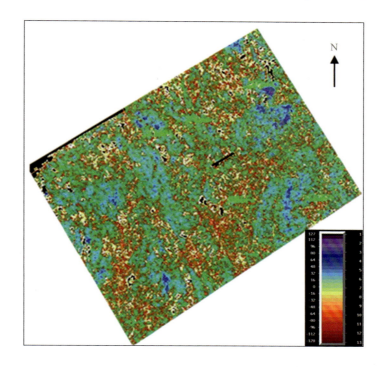

图 3.22　加蓬盆地深水区裂陷期 KSQ1 层序均方根属性分布图

的平面属性特征来研究沉积岩石学、地貌学、沉积模式和沉积历史。地震沉积学的主要技术包括地震资料 90°相位转化、地层切片技术、分频解释等,它可以通过分析地震资料平面图像样式特征判断盆地沉积岩和沉积体系的时空关系。值得一提的是,地震沉积学研究并不像地震地层学和层序地层学对井资料的依赖,在钻井较少或没有钻井的地区也可以应用地震地层学描述砂体形态,这对盆地分析、油气勘探和油藏描述等研究工作有很大的帮助。对加蓬盆地而言,由于盐下裂谷层系研究程度较低,所处的深水区域更是属于新的勘探领域,研究程度远远不如加蓬盆地陆上及浅水地区。在这种情况下,尝试利用地震沉积学的方法对深水区沉积相进行研究,弄清楚主要目的层段(三级层序内),包括重要储集层和烃源岩段沉积相(或微相)展布特征。

　　通过对前人关于加蓬盆地盐下区域沉积相研究成果的整理分析,以及深水区不同三级层序内地层切片的分析,结合分频处理结果,开展三级层序内地震沉积学研究。

　　(1)地层切片分析

　　Brown 等在 20 世纪 80 年代初提出通过基于三维地震资料的平面地震成像可以提高沉积相图的精度。荷兰沉积学家 Wolfgang Schlager 指出,三维地震提供了研究古代沉积形态平面展布的简单方法,并将密西西比河三角洲的航拍照片与古代沉积在地震切片上的响应进行对比。自 20 世纪 90 年代起,大量研究证实地震地貌学是沉积成像研究的有力工具。地震地貌成像是沿沉积界面(地质时间界面)提取振幅,从而反映地震研究区内沉积体系的展布范围。这样的地震切片称为地层切片,这与1996 年 Posamentier 提出的等比例切片比较类似。

利用切片识别沉积相的关键点有两个:一是通过单井沉积相来标定地震相,建立二者的联系;二是由单井相推断深水区沉积环境,并建立此沉积环境下的一般沉积相模式,在沉积相模式的指导下将地震属性的平面响应转化成沉积相的平面展布。

传统的用于提取地层信息的切片包括等时切片和沿层切片。时间切片是按某一固定时间或深度沿垂直于时间或深度轴的方向对地震数据体切割形成切片,一般应用于断层的扫描和圈闭的识别。常见的时间切片有振幅时间切片和相干体时间切片。沿层切片是沿着或平行于地震解释层位、限定的时间或深度间隔切割的地震数据切片,一般用于储层预测。然而对于沉积相分析而言,这两种方法都有局限性。时间切片只有在地层呈水平席状分布时才具有地质时间界面的意义;沿层切片适用于席状倾斜的地层。而地层切片考虑了地层厚度变化,克服了地层构造样式的影响,在沉积楔状体和生长断块中都可以获得正确的切片,其以等时层序地层格架为基础,以等时地层界面为限定条件,在界面之间等比例内插得到一系列具有等时沉积界面的层位,进而应用内插出的层位制作切片。图 3.23 显示了 3 种切片方式的实现方法,由图示可以看出地层切片比时间切片和沿层切片更具有地质等时意义。

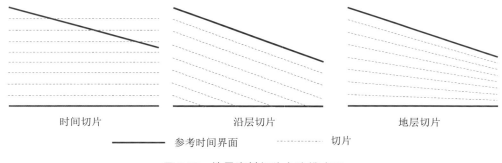

时间切片　　　　　　　　　　沿层切片　　　　　　　　　地层切片

———— 参考时间界面　　　- - - - - - 切片

图 3.23　地震资料切片方法模式图

时间切片和沿层切片是地震资料解释的常用技术和手段,但其穿时性在沉积相解释方面受到局限,在某些特殊的条件下才基本上和地层切片相同。时间切片在时间单位上地层呈水平状态才能显示出等时条件下的沉积特征,沿层切片则是地震剖面上地层呈等厚状才能反映倾斜地层的沉积特征。与时间切片和沿层切片相比,地层切片具有精确反映同一地质时代平面沉积特征的优点,不仅可用于简单的地层条件,而且可用于复杂的地质条件,尤其是厚度变化大的地层。

（2）频谱分解技术

地震资料中含有丰富的频率成分。对地震剖面的某一地震道的一个时窗提取子波,并对其进行频谱分析可知,其能量集中在某一频带宽度范围内,由无数的子波叠合而成。地震沉积学家认为,地震反射同相轴反映的是地下波阻抗界面,其既不简单地反映等时地层界面也不单纯地反映岩性界面,而是受地震资料频率的影响,不同频段地震数据的反射结构反映的地质信息是不同的。低频资料中反射同相轴更多地反映岩性界面信息,而高频资料中反射同相轴更多地反映等时沉积界面信息。在确定地层格架等时参考面时,需要选择产状和形态不随频率成分变化的反射同相轴。另外,从地震勘探原理可知,子波频率高则分辨率高,反之分辨率低。当子波频率从低到高发生变化时,地震的分辨率提高,低分辨率显示的岩性界面向高分辨率转变时更多地反映地层界面转化,其低频成分反映了较厚地层信息,而高频成分则携带着大量的更细致地反映厚层地层内部相对精细的沉积特征。高频成分可以有效地提高地震剖面的分辨率和地震资料解释精度,为后期地球物理方法的使用提供更精细的地层框架。如图 3.24 所示,其中图(a)未经过地震处理,子波主频为 20～60 Hz;图(b)经过处理后,主频提高到 35～60 Hz。对比两张图可以发现剖面中部前积反射上覆的强反射同相轴反射形态和产状不受频率成分的影响,可以作为地层格架的等时参考面,而前积反射同相轴随频率改变而发生变化,不能作为等时地层格架的等时参考面。同时图(b)与图(a)相比,分辨率提高,同相轴细,前积反射结构更清楚,可以清楚地分辨出两套前积体叠置。

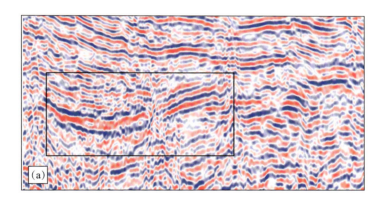

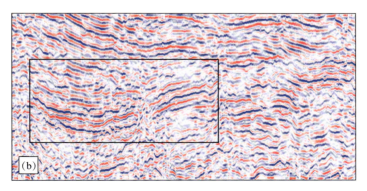

图 3.24　加蓬盆地深水区裂陷期地层子波滤波处理地震剖面

在研究过程中,对一些分辨率低且和周围的剖面相比同相轴比较粗的地震剖面,采用滤波的方法进行了分频处理。这是一个切实可行的方法,在大部分的解释软件中都提供了滤波的模块,且其能明显地提高剖面的子波频率,使地震剖面显示得更精细,有利于层序界面的识别与追踪。在一些重点的区域内提高子波频率并采用相位偏转技术进行砂体的刻画也是一种有效办法。子波频率太高或过窄会造成地震剖面畸变、地质信息丢失,因此在处理地震剖面时先要查看地震子波主频,然后选取滤波参数,并比较效果后确定下来。

地震资料中连续变化的频率信息蕴含了丰富的地质信息,不同厚度规模的地质体对不同的频率成分能量响应有所差异,采用分频技术制作不同频率能量响应图可以充分利用地震资料的频率信息分析不同规模的地质体。地震沉积学家认为,地震信息包含的平面信息比垂向上更精细和重要,仅仅利用分频解释方法在剖面上观察同相轴反射形态还不能充分地利用平面上所携带的地质信息。因此,可以通过快速傅里叶变换将时间域的地震记录转化到频率域,利用时频分析技术按不同频率对地震剖面进行扫描分析。采用这种分频技术可以生成两种类型的数据体:调谐体和离散频率能量体。调谐体是沿研究目的层面或对两层之间进行短时窗离散傅里叶变换,生成在垂向上频率连续变化的振幅数据体。离散频率能量体是沿短滑动时窗生成一系列离散频率的调谐振幅数据,与调谐体的区别是该数据体在垂向上与常规数据体相同,均为时间,但每个生成的数据体中只包含单一的频率成分。调谐体可以通过观察不同频率的地震振幅在平面上的变化来预测沉积相带的分布;而离散频率能量体可以制作地层切片以研究地层信息,也可以根据不同频率对应的地震剖面振幅的变化来判断储集砂体的厚度。

分频技术主要用于识别薄层地质体及分析其空间展布和厚度变化,分析步骤如下:

① 针对深水区和目的层段进行地质综合分析,制作精细的合成记录,了解区域的岩性变化与地震反射的对应关系。

② 针对研究的目标,选择研究目标层段内的一个准确解释的层位,以此为基准,选择一个时窗做分频处理。时窗选择不能过大,如果过大,则有效薄层将淹没在噪声之中。

③ 频率调谐体制作。最直接的办法就是利用傅里叶变换对时窗内的地震记录进行频谱分析,生成调谐体,在一些解释软件中提供了这个功能。在实际应用中,基于地震记录为子波与地质体的反射系数序列褶积关系,可采用不同频率的子波进行扫描,产生调谐体,一般有 3 种方式:a. 采用单一频率。通过调谐体频率切片动态地

观察薄层的干涉振幅变化,结合对区域沉积相的认识,可分析目标层段沉积相的横向变化。b. 在单一频率扫描的基础上,选择间隔显著的多个平面的调谐体切片进行组合。c. 采用不同频率调谐扫描彩色重叠的方式来分析沉积体。该方法是使用红色、绿色和蓝色代表不同的频率,通过对不同颜色进行合理分配、混合,形成频率融合体,利用频率融合体可以更好地描述沉积体的空间变化趋势及细节信息。深水区裂陷晚期形成的三级层序 KSQ3[相当于登泰尔(Dentale)组沉积时期]地层切片分析表明,该层序内均方根振幅显示具有大范围较强振幅区域,推测为三角洲平原和三角洲前缘亚相,其上显示的条带高值区为河道沉积,其间的紫色低值区为河道间泥质沉积(图 3.25b)。而裂陷中期形成的三级层序 KSQ2[相当于梅拉尼亚(Melania)组沉积时期]的均方根振幅图显示区域上主要表现为低振幅属性,更多地反映以湖相泥沉积为主,烃源岩发育(图 3.25a)。此外,深水区北部过井地震剖面显示三级层序 KSQ4 内前积反射特征清楚,均方根振幅图显示朵叶状的强振幅特征,推测登泰尔(Dentale)组沉积时期发育三角洲沉积(图 3.25c);深水区南部过井沉积地层的地震反射特征及地震平面属性(如均方根绝对振幅)与之相似,由于距离物源更远,广泛发育三角洲前缘水下分流河道及河口坝沉积,砂体厚度减薄。

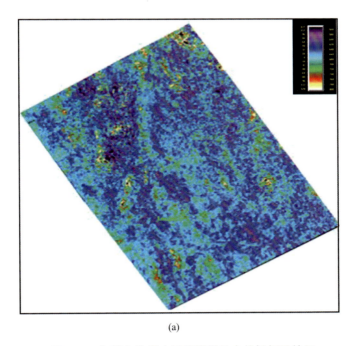

(a)

图 3.25　加蓬盆地深水区裂陷期均方根振幅属性图

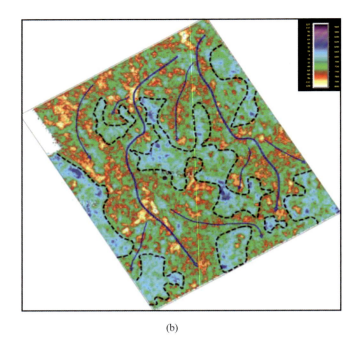

(b)

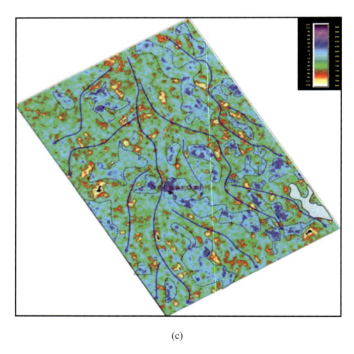

(c)

图 3.25(续)　加蓬盆地深水区裂陷期均方根振幅属性图

（a）为裂陷中期三级层序 KSQ2 均方根属性图,表现为低振幅属性,反映该时期主要以湖相泥质沉积为主;（b）、（c）分别为裂陷晚期三级层序 KSQ3 和断拗转换期三级层序 KSQ4 的均方根振幅属性图,条带状高值区可能为三角洲河道沉积,其间紫色低值区可能为河道间泥质沉积,反映层序沉积时期砂体发育

3.7　沉积相展布特征

在加蓬盆地深水区盐下裂陷期缺井或无井的情况下,沉积体系及沉积相分析主要依靠地震资料来完成,这就要求在充分熟悉区域地质背景资料,并且在收集整理消化吸收前人研究成果,特别是沉积相研究成果的基础上,建立区域平面沉积模型,并在此模型的指导下,通过借用邻区相关钻井资料的单井沉积相结果辅助分析,利用各种地球物理方法,特别是地震处理解释方法(如地震沉积学方法),结合地震反射构型(地震相)分析、地震属性分析及地层切片和分频处理技术,以及沉积物源分析结果,综合分析,以明确深水区沉积相单元类型,确定沉积相的平面分布规律。

首先从区域沉积相分布来看,盐下裂谷期沉积以陆相沉积为主,主要沉积物来自东部陆上及兰巴雷内(Lamberene)隆起,当然在裂谷期不排除有盆地内局部凸起上的近源沉积物。沉积相的整体分布自东向西、从陆向海方向依次发育河流、三角洲-湖泊相沉积,局部可发育冲积扇沉积,沉积相的整体展布方向为北东—南西向。在上述沉积规律及沉积模式的指导下,综合利用地震相、地震属性、地层切片和分频处理技术,结合深水区沉积物源分析,编绘出深水区沉积相展布图(图 3.26～图 3.28)。从图中可以看出,在 KSQ1 层序沉积早期[相当于基底砂岩(basal sandstone)沉积时期],基底断裂开始活动,深水区主要发育河流-三角洲相沉积,受控洼断裂影响,断裂所造成的凸起附近可能发育冲积扇相沉积,局部发育滨浅湖相沉积;KSQ1 层序沉积中期[相当于基辛达(Kissenda)组沉积时期],断裂活动强烈,湖盆扩张,湖泊相沉积广泛发育,深水区大范围形成中深湖相烃源岩沉积(盆地内第一套烃源岩);KSQ1 层序沉积晚期[相当于路辛那(Lucina)组沉积时期],深水区主要发育河流-三角洲相沉积,湖泊相沉积范围有所缩小。KSQ2 层序沉积时期[相当于梅拉尼娅(Melania)组沉积时期]为盆地裂陷中期,强烈的裂谷作用导致湖盆范围急剧扩张,此时物源范围快速收缩,广泛发育中深湖相沉积(盆地主要烃源岩沉积期)(图 3.26)。

KSQ3 层序沉积时期进入裂陷晚期,湖盆范围缩小。河流-三角洲相的沉积范围扩大,整个深水区北部基本上为河流-三角洲相沉积所覆盖,形成盆地内重要的油气储集层砂岩(图 3.27)。KSQ4 层序沉积早期[相当于甘巴(Gamba)组沉积时期],盆地裂陷作用结束,在盆地整体抬升剥蚀夷平的基础上沉积填平补齐,深水区广泛发育河流-三角洲相沉积,同时形成加蓬盆地内一套重要的储集砂岩发育期(图 3.28)。

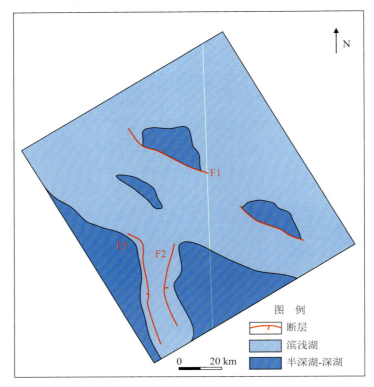

图 3.26 加蓬盆地深水区裂陷期 KSQ2 层序沉积相分布图

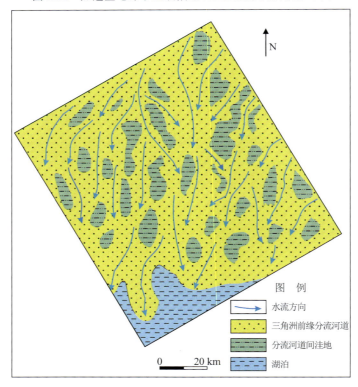

图 3.27 加蓬盆地深水区裂陷期 KSQ3 层序沉积相分布图

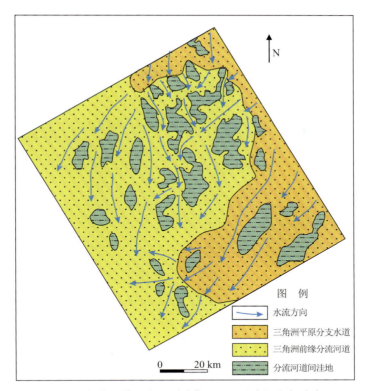

图 3.28　加蓬盆地深水区裂陷期 KSQ4 层序沉积相分布图

第4章
主要石油地质特征

加蓬盆地在经历裂陷期、过渡期和漂移期三大构造演化阶段过程中,发育了盐下湖相和盐上海相多期烃源岩以及多套储盖组合,石油地质条件优越。以过渡期阿普特(Aptian)阶埃詹加(Ezanga)组为界,可将盆地分为盐上和盐下两个勘探领域(图4.1)。其中,盐上油气发现主要分布于北加蓬次盆,内次盆和南加蓬次盆以盐下油气发现为主(李莉等,2005;熊利平等,2005;刘祚冬和李江海,2009;房大志等,2012;邱春光和刘延莉,2012;郭念发,2014)。整体上,北加蓬次盆、内次盆和南加蓬次盆陆上—浅水区勘探程度较高,而南加蓬次盆深水区勘探程度极低,近年来系列油气发现揭示其深水盐下具有较大的勘探潜力。本章在重点阐述盆地盐下主要石油地质条件和油气成藏特征的基础上,剖析南加蓬次盆深水区盐下油气成藏控制因素。

4.1 盐下烃源岩特征

4.1.1 盐下主要烃源岩特征

陆上和浅水区勘探研究成果证实,加蓬盆地盐下受裂陷作用控制发育两套湖相烃源岩,分别是形成于裂陷早期的纽康姆(Neocomian)阶基辛达(Kissenda)组湖相泥岩和裂陷中期的巴列姆(Barremian)阶梅拉尼亚(Melania)组湖相泥页岩(图4.1和图4.2)。其中,巴列姆(Barremian)阶梅拉尼亚(Melania)组烃源岩是加蓬盆地盐下主力烃源岩。

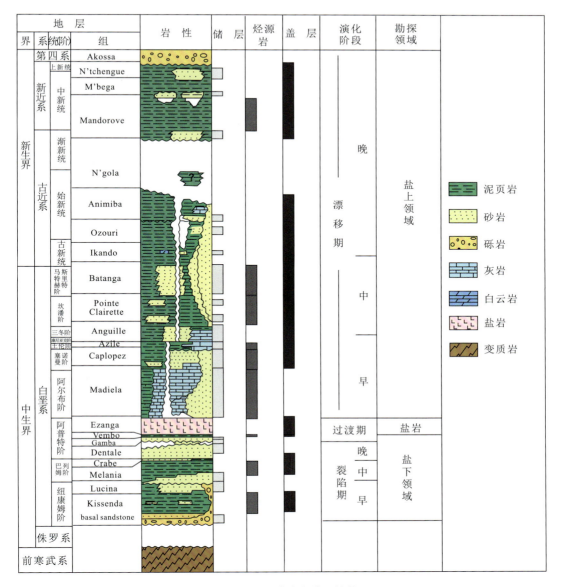

图 4.1　加蓬盆地综合地层柱状图

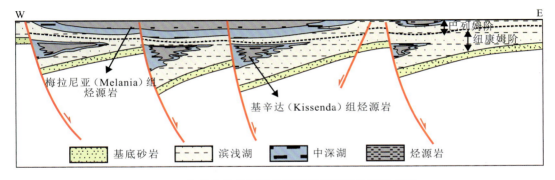

图 4.2　加蓬盆地盐下裂陷期湖相烃源岩发育模式图

1）巴列姆（Barremian）阶梅拉尼亚（Melania）组烃源岩特征

陆上—浅水区钻井揭示巴列姆（Barremian）阶梅拉尼亚（Melania）组烃源岩以中-深湖相黑色泥页岩为主,泥页岩厚度为 155～470 m;干酪根由含葡萄藻属（Botryococcus）藻类的腐泥质组成,有机质以Ⅰ型和Ⅱ₁型干酪根为主,有机质丰度为 1.2％～17.7％,平均 6.1％,最高可达 20％;氢指数为 248～801 mg/g,平均为 440 mg/g,是一套优质湖相烃源岩（图 4.3 和图 4.4）。构造-沉积演化分析表明,巴列姆（Barremian）阶梅拉尼亚（Melania）组湖相烃源岩沉积于盆地中裂陷期末最大湖泛阶段,分布范围较广（图 4.2）,是加蓬盆地盐下主力烃源岩,埋深 2 000～3 000 m 即可达到生烃门限。现今在盆地陆上—浅水区该套烃源岩主要处于生油窗内;在南加蓬次盆深水区,由于埋深远大于 3 000 m,现今烃源岩处于高成熟—过成熟阶段（黄兴文,2015）。

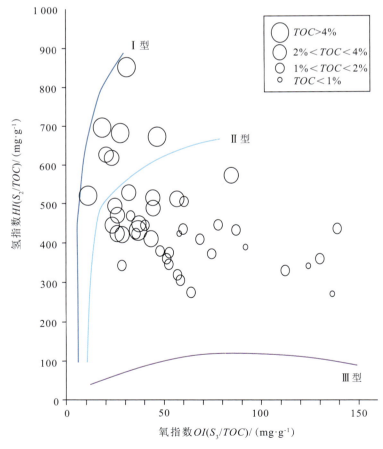

图 4.3 加蓬盆地巴列姆（Barremian）阶梅拉尼亚(Melania)组页岩样品氧指数(OI)和
氢指数(HI)曲线图(据 Teisserenc and Villemin, 1990)

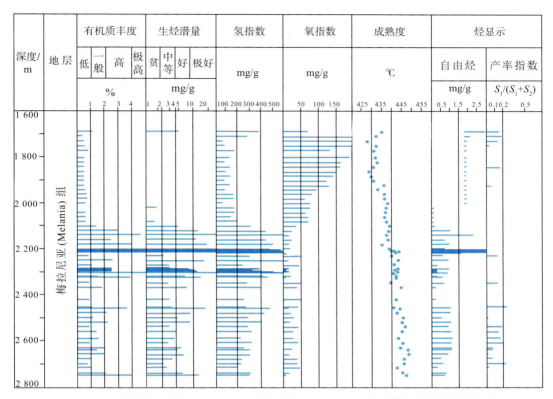

图 4.4　加蓬盆地巴列姆(Barremian)阶梅拉尼亚(Melania)组页岩地球化学录井资料

(据 Teisserenc and Villemin, 1990)

2) 纽康姆(Neocomian)阶基辛达(Kissenda)组烃源岩特征

纽康姆(Neocomian)阶基辛达(Kissenda)组烃源岩沉积于裂陷早期(图 4.2)。推测可能基于高部位钻井资料分析,前期一直认为该套烃源岩以 II_2-III 型干酪根为主,有机质丰度较低,平均 1.5%～2%,氢指数平均 200～300 mg/g,是倾气型烃源岩(Teisserenc and Villemin,1990)(图 4.5)。最新的分析显示在裂陷早期形成的断陷沉积中心,基辛达(Kissenda)组也发育中-深湖相烃源岩,钻井揭示以灰—黑色泥岩为主,有机质丰度 0.54%～17.8%,平均 2.0%;氢指数 137～800 mg/g,平均 450 mg/g,有机质类型以 I-II_1 型干酪根为主(图 4.6)。据南加蓬次盆陆上钻井揭示该套烃源岩生烃门限为 2 225 m。与此同时,近年来在与加蓬盆地相邻且具有相似构造-沉积特征的下刚果盆地盐下获得了多个来自该套烃源岩大型油气发现,也揭示该套烃源岩具有较大的生油潜力。

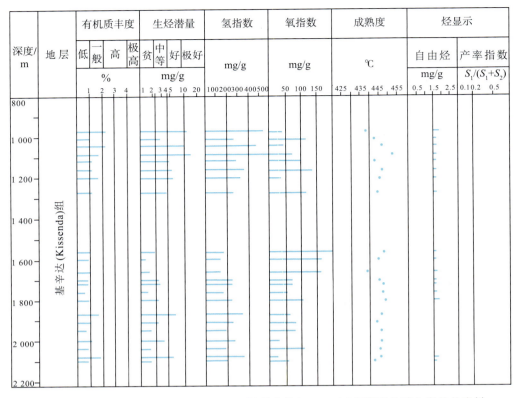

图 4.5　南加蓬次盆纽康姆（Neocomian）阶基辛达（Kissenda）组泥岩地球化学录井资料

(据 Teisserenc and Villemin, 1990)

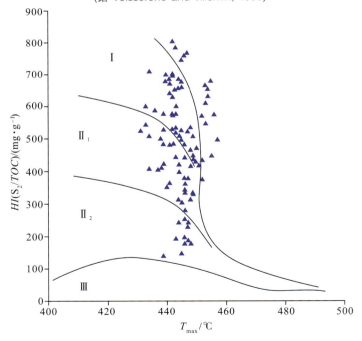

图 4.6　南加蓬次盆陆上—浅水区部分钻井揭示纽康姆（Neocomian）阶

基辛达（Kissenda）组烃源岩特征

4.1.2　南加蓬次盆深水区盐下烃源岩分布特征

南加蓬次盆深水区勘探程度低,无钻井钻至盐下烃源岩层,盐下烃源岩的分布无法直接利用井震资料进行标定追踪。通过对国内外以湖相烃源岩为主要烃源岩的勘探研究成果分析表明,石油中的地球化学分子、有机质丰度、有机质类型、古生物群落、古沉积环境、沉积岩相组合及地震相类型之间在成因上有一定的联系。以湖相为例,不同的生物标志化合物来源于不同的古生物,如奥利烷来源于陆生高等植物,4-甲基甾烷来源于菌藻类;不同的古生物生长、保存于不同的环境,如陆生高等植物、蕨类、苔藓植物等生长于湖岸,植物碎片、孢粉等生长或保存于滨浅湖,菌藻类微生物多生长于中-深湖;不同的环境水动力条件不同,沉积岩组合也不同,如滨浅湖形成砂泥互层且变化快,中-深湖形成厚层泥岩夹砂岩且岩相稳定;不同的岩性组合,因岩石的密度、速度不同,波阻抗不同,因此地震相就不同,如滨浅湖区相变快的砂泥岩互层为杂乱、中振幅低连续性反射,中-深湖区稳定的泥岩夹砂岩为平行连续强反射。根据这个油气地质推论,可将分子地球化学、生物标志化合物、有机质类型、沉积相与地震相建立密切的联系(图 4.7)。

陆上—浅水区钻井资料结合构造-沉积演化分析表明,加蓬盆地盐下主要烃源岩巴列姆(Barremian)阶梅拉尼亚(Melania)组烃源岩和纽康姆(Neocomian)阶基辛达(Kissenda)组烃源岩为裂陷期受断陷控制的中-深湖相烃源岩,南加蓬次盆深水区和相邻盆地盐下油气发现也表明这两期烃源岩均具有低频、连续、强反射地震相特征。如图 4.8 所示,深水区盐下油气发现的三维地震剖面显示,在盐下湖相烃源岩发育区具有明显低频、连续、强反射地震相特征,其分布范围和厚度受裂陷期伸展断层控制(图 4.8)。

同一盆地相邻或相近的凹陷在沉积环境上有一定的相似性,相同的地震相很可能代表了相似的沉积地层,因此可以通过盆地构造-沉积分析结合地震相类比的方法预测低勘探程度凹陷内烃源岩的展布特征。盆地结构和地震相类比分析表明,南加蓬次盆深水区发育盐下巴列姆(Barremian)阶梅拉尼亚(Melania)组和纽康姆(Neocomian)阶基辛达(Kissenda)组湖相烃源岩,烃源岩主要分布在裂陷期受伸展断陷作用形成的盐下凹陷内(图 4.9)。

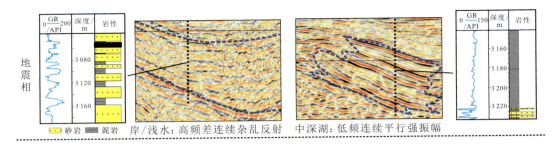

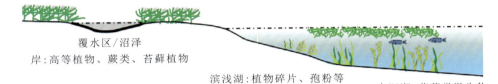

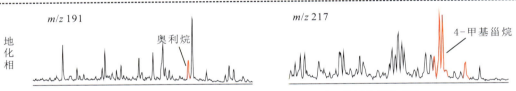

图 4.7　湖相烃源岩"地化相、有机相、沉积相、地震相"关系图

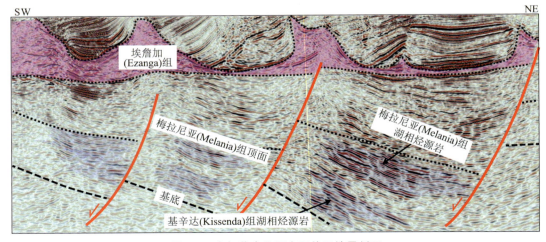

图 4.8　南加蓬次盆深水区盐下地震剖面

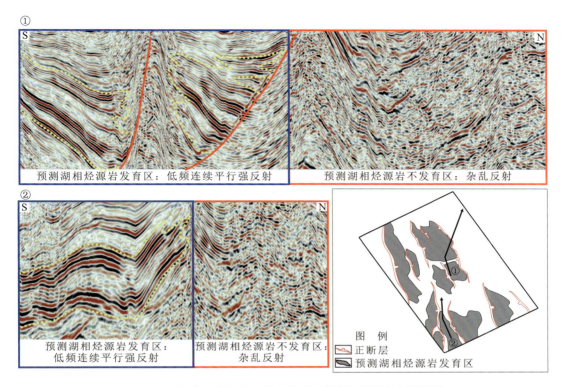

图 4.9 南加蓬次盆深水区某区块盐下湖相烃源岩分布预测图

4.2 盐下储盖特征

4.2.1 盐下储层条件

钻井证实加蓬盆地盐下发育下白垩统纽康姆（Neocomian）阶—阿普特（Aptain）阶多套砂岩储层（图 4.1）。其中，阿普特阶登泰尔（Dentale）组和甘巴（Gamba）组河流-三角洲砂岩是两套主力储层；纽康姆（Neocomian）阶基底砂岩（basal sandstone）、基辛达（Kissenda）组、路辛那（Lucina）组和巴列姆（Barremian）阶梅拉尼亚（Melania）组湖相浊积砂岩是次要储层。

1）纽康姆阶（Neocomian）**基底砂岩**（basal sandstone）

基底砂岩（basal sandstone）沉积于加蓬盆地裂陷早期（即初始裂陷期），推测其分布较广。目前在加蓬盆地钻至该套层系的钻井较少，已有钻井揭示该套储层以冲积扇和辫状河粗碎屑沉积为主，厚层、粗—中粒含长石砂岩，普遍埋深较大。统计表明，当储层埋深小于 3 000 m 时，物性较好，孔隙度在 9%～32% 之间，渗透率在 0.1

~6 μm^2 之间；当储层埋深大于 3 000 m 时，储层物性很差，孔隙度小于 10%，渗透率小于 0.1×10^{-3} μm^2。

2）纽康姆（Neocomian）阶基辛达（Kissenda）组—巴列姆（Barremian）阶梅拉尼亚（Melania）组砂岩

纽康姆（Neocomian）阶基辛达（Kissenda）组—巴列姆（Barremian）阶梅拉尼亚（Melania）组沉积于加蓬盆地裂陷早—中期，该时期盆地整体以湖相沉积为主，储层主要为来自盆地东缘的扇三角洲-浊积砂岩（图 4.10）。

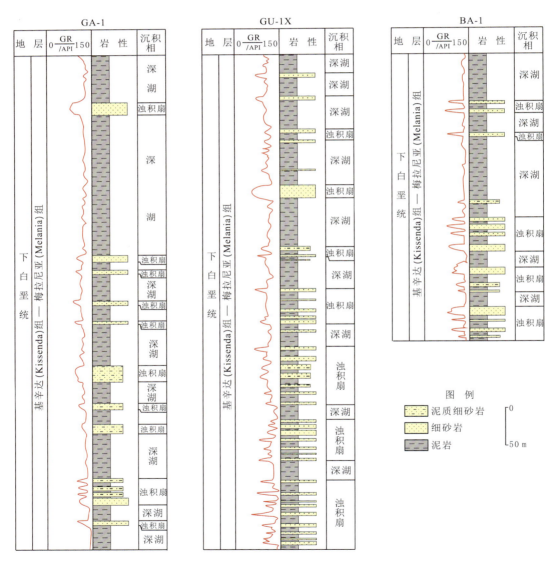

图 4.10　南加蓬次盆陆上—浅水区连井剖面图

（1）纽康姆（Neocomian）阶基辛达（Kissenda）组—路辛那（Lucina）组砂岩储层

该储层主要由细—粗粒砂岩、泥质砂岩等组成，近源浅湖相主要为中、粗粒砂岩，分选较差，深湖浊流相沉积主要为细粒砂岩，分选较好。砂岩单层厚度较薄，与厚层泥岩呈互层分布，孔隙度 $1.6\%\sim23.7\%$，平均 13.3%，其物性受沉积相带控制显著，在Lucina油田，河道微相砂体孔隙度 $22\%\sim24\%$，渗透率最高可达 145×10^{-3} μm^2。整体上该套储层成岩作用较强，在 2 000 m 深度以下储层物性变差，其平均孔隙度低于 15%，渗透率小于 10×10^{-3} μm^2（图 4.11 和图 4.12）。

（2）巴列姆（Barremian）阶梅拉尼亚（Melania）组砂岩储层

该储层位于梅拉尼亚（Melania）组中下段，与泥岩互层分布，主要由细—粗粒砂岩、泥质砂岩等组成，长石及岩屑含量较高，成分成熟度和结构成熟度低。陆上—浅水区少量钻井揭示砂岩物性受沉积相影响明显，叠置河道砂体平均孔隙度 17.8%，平均渗透率 56×10^{-3} μm^2；河道间砂体物性最差，平均孔隙度 10.7%，平均渗透率 0.7×10^{-3} μm^2；朵叶体物性一般，平均孔隙度 14%，渗透率 21.4×10^{-3} μm^2。除了沉积相影响，梅拉尼亚（Melania）组物性还受成岩作用控制，埋设较浅区域砂岩段孔隙度 $15\%\sim22\%$，渗透率最高达 100×10^{-3} μm^2，而当埋深大于 2 250 m 时，砂岩孔隙度 $10\%\sim15\%$，渗透率一般不超过 10×10^{-3} μm^2。

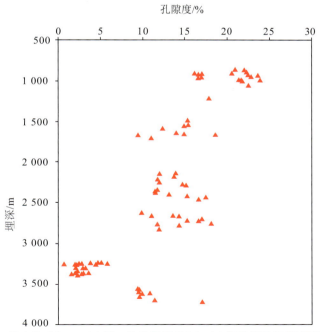

图 4.11　基辛达（Kissenda）组—梅拉尼亚（Melania）组砂岩孔隙度-深度交会图

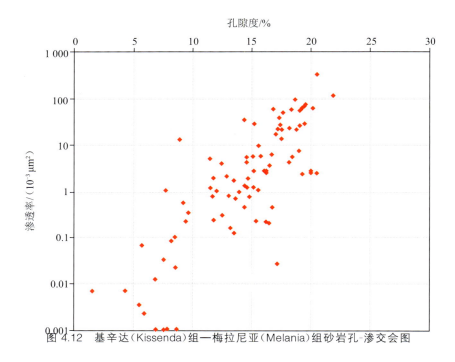

图 4.12　基辛达(Kissenda)组—梅拉尼亚(Melania)组砂岩孔-渗交会图

3) 阿普特(Aptian)阶登泰尔(Dentale)组砂岩

登泰尔(Dentale)组沉积于盆地裂陷晚期,湖平面快速萎缩,盆地近于过补偿沉积,盆地沉积中心向现今的深水区迁移,除在现今的海岸线附近因掀斜作用遭受抬升剥蚀外(图 1.18),地层厚度大,以发育河流-三角洲相沉积为主。在陆上—浅水区钻井揭示总厚度可达 1 500 m 以上,以河流相砂岩为主,单层砂体厚度可达 200 m;储层物性普遍较好。陆上 Rabi 油田揭示储层埋深 1 500～2 500 m,孔隙度高达 29%,渗透率最大 $1 000×10^{-3} \mu m^2$。

深水区钻井揭示登泰尔(Dentale)组最大厚度 970 m(未钻穿),根据地震资料解释登泰尔(Dentale)组最大厚度超过 2 500 m;储层以三角洲平原-前缘中—细粒砂岩为主(图 4.13),平均单砂体厚度 4.3～14.8 m,最大可达 54 m,砂地比 60%～77%;储层物性横向变化大,平均孔隙度 15%～22%,渗透率$(4.5～290)×10^{-3} \mu m^2$(图 4.14)。

4) 阿普特(Aptian)阶甘巴(Gamba)组砂岩

甘巴(Gamba)组沉积于加蓬盆地断拗转换期早期的准平原化沉积背景,广泛发育河流-三角洲相沉积。在现今的陆上—浅水区地层厚度普遍小于 60 m,平均 23 m,呈席状广泛分布,具典型辫状河特征,发育底砾岩,向上渐变为细—粗粒砂岩,见交错层理;储层埋深较浅,成岩作用弱,物性好,孔隙度 20%～30%,渗透率最高可达 $5 000×10^{-3} \mu m^2$(图 4.15)。浅水区的 Etame 油田揭示甘巴(Gamba)组砂岩储层埋深 1 800 m,孔隙度 30％,渗透率最高达 1 500×10⁻³ μm²。

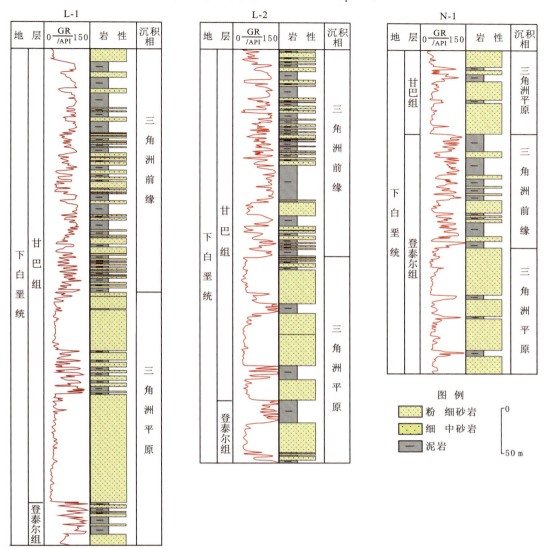

图 4.13　南加蓬次盆深水区盐下连井对比图

　　南加蓬次盆深水区钻井揭示甘巴(Gamba)组厚度 94～500 m,储层以三角洲平原-前缘中—细粒砂岩为主,平均单砂体厚度 4.2～19.7 m,最大可达 72 m,砂地比 59％～84％(图 4.13);储层物性横向变化大,平均孔隙度 17％～25％,渗透率 (5～380)×10⁻³ μm²(图 4.15)。

4.2.2　盐下盖层条件

　　加蓬盆地盐下盖层条件优越,主要发育两类区域性盖层(图 4.1):第一类是沉积于盆地裂陷早—中期的纽康姆(Neocomian)阶基辛达(Kissenda)组至巴列姆

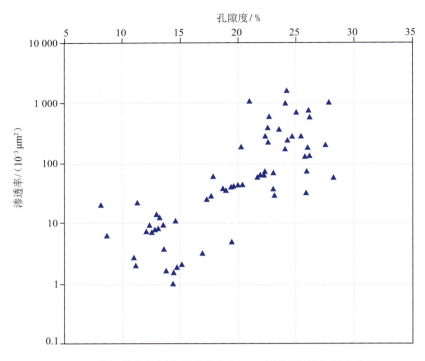

图 4.14　南加蓬次盆深水区登泰尔（Dentale）组砂岩孔-渗交会图

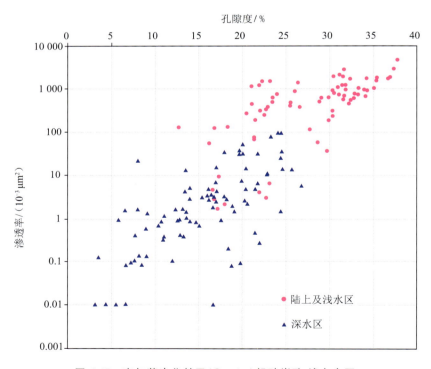

图 4.15　南加蓬次盆甘巴（Gamba）组砂岩孔-渗交会图

（Barremian）阶梅拉尼亚（Melania）组湖相泥页岩，是纽康姆（Neocomian）阶基底砂岩（basal sandstone）储层和纽康姆（Neocomian）阶—巴列姆（Barremian）阶浊积砂岩储层的直接盖层；第二类是形成于断拗转换期的阿普特（Aptian）阶埃詹加（Ezanga）组盐岩和韦姆波（Vembo）组泥岩。其中，埃詹加（Ezanga）组盐岩除了在盆地浅水区在重力负载作用下发生伸展滑脱而导致局部缺失形成"盐窗"外，在南加蓬次盆广泛分布，深水区厚度最大超过 4 000 m，平均厚度约 1 200 m，是一套优质区域盖层。此外，在深水区，阿普特阶登泰尔（Dentale）组和甘巴（Gamba）组三角洲泥岩夹层也形成有效的盖层。盐下油气发现显示 20 m 左右的三角洲泥岩夹层即可封盖大于 300 m 气柱高度。

4.3　盐下圈闭特征

加蓬盆地盐下构造圈闭十分发育（图 4.16），盐下已有油气发现也以构造圈闭为主（林卫东等，2008；刘长利等，2013；赵红岩等，2017）。整体上，根据圈闭构造成因和形成时代，大致可以将加蓬盆地盐下构造圈闭划分为以下两种成因类型：

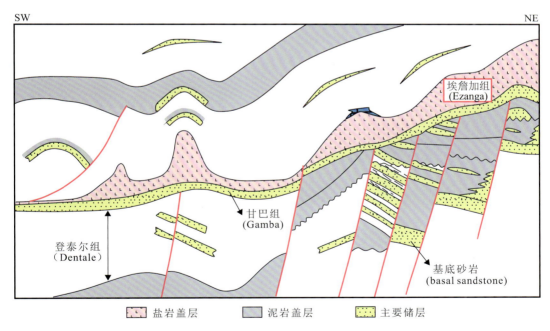

图 4.16　加蓬盆地盐下圈闭类型模式图

（1）与盆地早白垩世裂陷期伸展作用有关的构造圈闭，主要圈闭类型为与伸展断层相关的断块圈闭、半背斜圈闭和断背斜圈闭，凹陷内同沉积横弯褶皱背斜圈闭，以及在裂陷期断垒基础上发育的披覆背斜圈闭。圈闭整体形成较早,虽然在盆地陆上—浅水区经历了晚白垩世以来一定程度的掀斜作用,但圈闭普遍在早白垩世晚期基本定型。该成因类型构造圈闭在加蓬盆地盐下广泛分布,也是目前盐下油气发现的主要圈闭类型。

(2)与晚白垩世以来持续活动的裂陷期断裂和新生的盖层断裂相关的构造圈闭(图 2.12),圈闭类型以断块圈闭和断背斜圈闭为主。同时,受晚白垩世恩科米(N'Komi)等走滑断裂带影响,在这些走滑断裂带附近也形成了大量的断块、断背斜构造圈闭。受断层活动性的影响,圈闭整体上定型较晚,大部分圈闭定型于晚白垩世中晚期—古新世,部分圈闭甚至到新近纪才最终定型。由于加蓬盆地陆上—浅水区晚白垩世以来以整体掀斜为主,构造相对稳定,该类构造圈闭主要分布在盆地深水区和区域大型走滑断裂带[如恩科米(N'Komi)断裂带]附近。

4.4　主要成藏组合特征

根据主要储层发育特征及成藏条件差异,可将加蓬盆地盐下划分为 3 套成藏组合(图 4.1),自下而上依次为以纽康姆(Neocomian)阶基底砂岩(basal sandstone)为主要储层的下组合,以纽康姆(Neocomian)阶基辛达(Kissenda)组—巴列姆(Barremian)阶梅拉尼亚(Melania)组砂岩为主要储层的中组合,以阿普特(Aptian)阶登泰尔(Dentale)组—甘巴(Gamba)组砂岩为主要储层的上组合。其中,上组合是盆地盐下主力成藏组合,已发现可采储量达 25.8 亿桶油当量,占盆地盐下油气发现的88%(图 4.17)。

4.4.1　上组合主要成藏特征

上组合储层为阿普特(Aptian)阶登泰尔(Dentale)组—甘巴(Gamba)组河流-三角洲砂岩,钻井揭示该套储层广泛分布;以背斜、断背斜、断块等构造圈闭为主;阿普特(Aptian)阶埃詹加(Ezanga)组盐岩是区域盖层,同时在深水区,登泰尔(Dentale)组—甘巴(Gamba)组层间泥岩也可形成良好的直接盖层。巴列姆(Barremian)阶梅拉尼亚(Melania)组湖相烃源岩是该组合主力烃源岩,油气主要沿断层垂向运移形成下生上储型油气藏(图 4.18)。由于沉积于断拗转换期准平原背景下的阿普特(Aptian)阶甘巴(Gamba)组直接角度不整合在沉积于裂陷晚期的登泰尔(Dentale)组之上,再加上盐下断层十分发育,所以登泰尔(Dentale)组通常与甘巴(Gamba)组形成具有统一油水界面的油气藏,如 Rabi 油气田、Etame 油田等(图 4.19),该组合油气发现也以此种类型油气藏为主。现阶段仅在南加蓬次盆浅水区,随着登泰尔

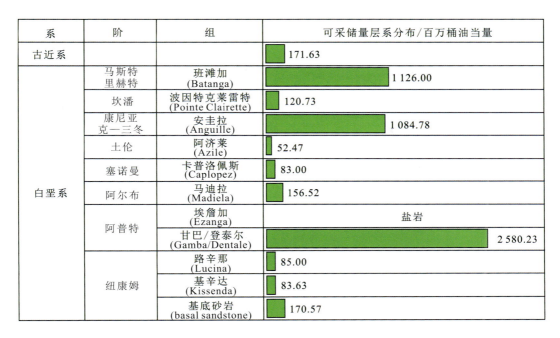

图 4.17　加蓬盆地各层系可采储量分布图（据 IHS，2017）

（Dentale）组由河流相沉积逐渐过渡为三角洲相沉积，层间泥岩增多，获得了 2 个登泰尔（Dentale）组单独成藏的油气发现（图 4.20）。

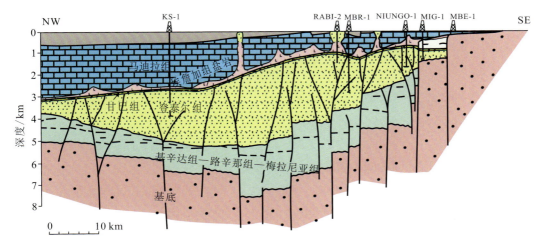

图 4.18　南加蓬次盆盐下 Rabi 油气田油藏剖面图

（据 C&C Reservoirs, 2012a）

上组合油气发现分布较广，在陆上—浅水区以油为主；而在深水区，由于盐下湖相烃源岩埋深整体较陆上—浅水区大，且普遍发育早白垩世裂陷期形成的构造圈闭和与晚白垩世以来断裂活动相关的定型较晚的构造圈闭，所以在盐下除了获得 1 个油发现和 1 个油气发现，还获得了 2 个天然气发现。现阶段加蓬盆地盐下天然气储

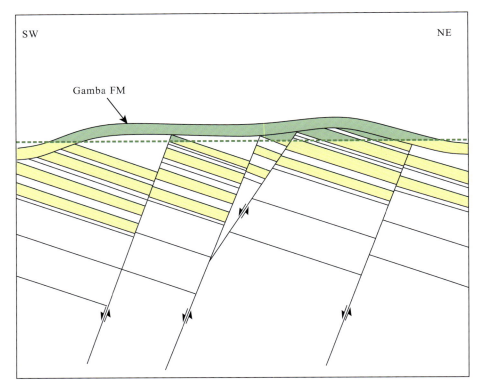

图 4.19　南加蓬次盆盐下 Etame 油田油藏剖面图

（据 C&C, Reservoirs 2012b）

量主要集中在深水区上组合。

4.4.2　中组合主要成藏特征

中组合以纽康姆（Neocomian）阶基辛达（Kissenda）组、路辛那（Lucina）组和巴列姆（Barremian）阶梅拉尼亚（Melania）组浊积砂岩为主要储层，目前的油气发现主要位于纽康姆（Neocomian）阶基辛达（Kissenda）组和路辛那（Lucina）组（图 4.17）；构造圈闭和构造-岩性复合圈闭是主要圈闭类型。在凹陷内主要以纽康姆（Neocomian）阶基辛达（Kissenda）组湖相烃源岩为油气源形成自生自储型油气藏（图 4.21），如内次盆的 Onal 油田（可采储量 150 百万桶油当量）和 OMOC-N 油田（可采储量 67.21 百万桶油当量）等；在凹陷斜坡区或凸起区可形成以巴列姆（Barremian）阶梅拉尼亚（Melania）组湖相烃源岩为油气源的旁生侧储型油气藏，如南加蓬次盆陆上—浅水区的 Mbya 油田（可采储量 92.37 百万桶油当量）和 Lucina 油田（可采储量 82.16 百万桶油当量）等（图 4.22）（IHS，2017）。

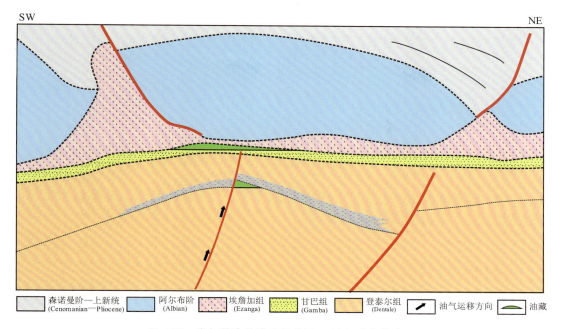

图 4.20 南加蓬次盆浅水区盐下 M 油田油藏模式图

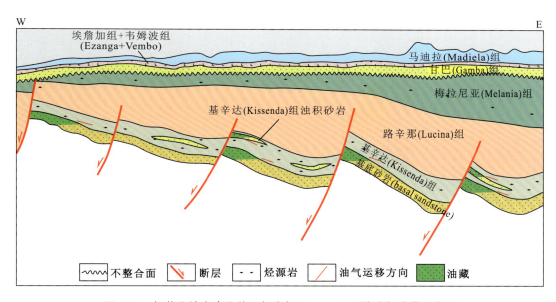

图 4.21 加蓬盆地内次盆盐下纽康姆(Neocomian)阶油气成藏示意图

4.4.3 下组合主要成藏特征

下组合储层为盆地初始裂陷形成的纽康姆阶（Neocomian）基底砂岩（basal sandstone）储层，以冲积扇-辫状河三角洲砂岩—砂砾岩为主，基底断块型构造圈闭为主

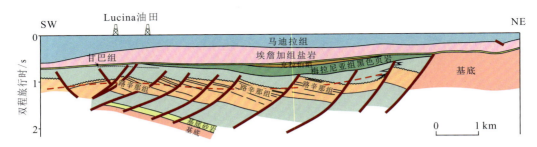

图 4.22　过南加蓬次盆 Lucina 油田地质剖面图(据 C&C Reservoirs, 2006c)

要圈闭类型,纽康姆阶(Neocomian)基辛达组(Kissenda)湖相泥岩直接覆盖于底砂岩(即主要烃源岩)之上也可作为优质泥岩盖层,形成上生下储型油气藏(图 4.21)。该组合现阶段在加蓬盆地勘探研究程度极低,结合邻区研究成果,推测储层分布较广。但由于该组合油气主要来自纽康姆(Neocomian)阶基辛达(Kissenda)组湖相烃源岩,而基辛达(Kissenda)组湖相烃源岩主要分布在裂陷期形成的断陷沉积中心(图4.2),因此该组合只在凹陷带内获得了油气发现,在凸起上的探井均失利。

4.5　盐下油气分布特征及成藏控制因素

4.5.1　盐下油气分布特征

加蓬盆地盐下油气发现在平面上主要分布于南加蓬次盆(图 4.23),北加蓬次盆和内次盆盐下油气发现非常少。目前在南加蓬次盆陆上—浅水区和深水区均有大的油气发现;而北加蓬次盆油气发现主要位于盐上层位,盐下发现非常少,仅有的几个发现主要局限于陆上及浅水区,储量也非常小,深水区近年来几口盐下探井全部失利。

加蓬盆地盐下油气具有广分布、单聚集的特点。纵向上,盐下已发现油气广泛分布在纽康姆(Neocomian)阶基底砂岩(basal sandstone)、基辛达(Kissenda)组和路辛那(Lucina)组,巴列姆(Barremian)阶梅拉尼亚(Melania)组,阿普特(Aptian)阶登泰尔(Dentale)组和甘巴(Gamba)组等多套砂岩储层中,但 88% 的储量集中分布在阿普特(Aptian)阶登泰尔(Dentale)组和甘巴(Gamba)组砂岩储层内(图 4.17);单个油气发现规模上,目前盐下共获得 49 个油气发现,其中 5 个大型油气田合计可采储量占盆地盐下油气发现的 67%,超过半数油气田的可采储量小于 20 百万桶(近似陆上—浅水区油气发现经济门限)(图 4.24)。

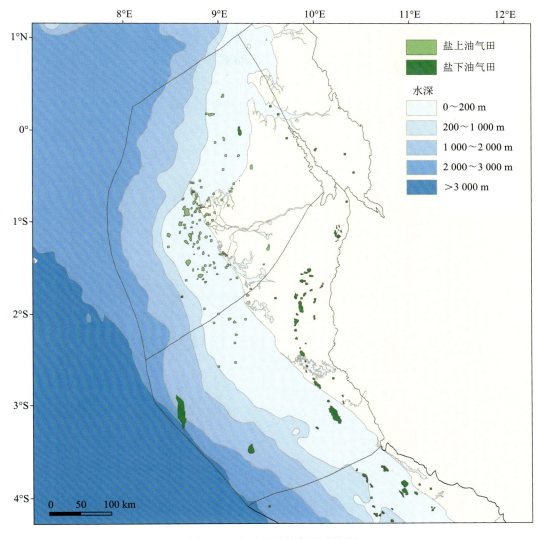

图 4.23　加蓬盆地油气田分布图

4.5.2　盐下油气成藏特征

（1）盐下油气具有垂向运移为主、近源成藏的特点

勘探研究表明，加蓬盆地盐下组康姆（Neocomian）阶基辛达（Kissenda）组和巴列姆（Barremian）阶梅拉尼亚（Melania）组湖相烃源岩并非连续分布，其发育受裂陷期断陷作用控制，主要分布在盐下凹陷内（图 4.2）。广泛发育的断裂是沟通湖相烃源岩与阿普特（Aptian）阶登泰尔（Dentale）组和甘巴（Gamba）组砂岩储层的主要通道。成熟湖相烃源岩生成的油气主要沿着断层向上运移至凹陷内背斜构造圈闭中成藏（图 4.18），或者沿裂陷期形成的深大断层运移至周边构造圈闭内成藏（图 4.25）

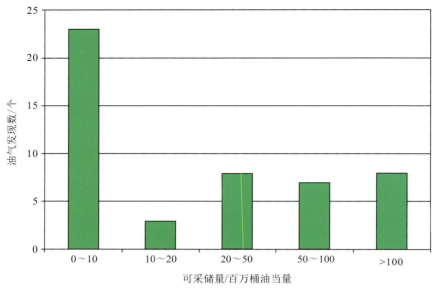

图 4.24　加蓬盆地盐下油气发现规模统计图

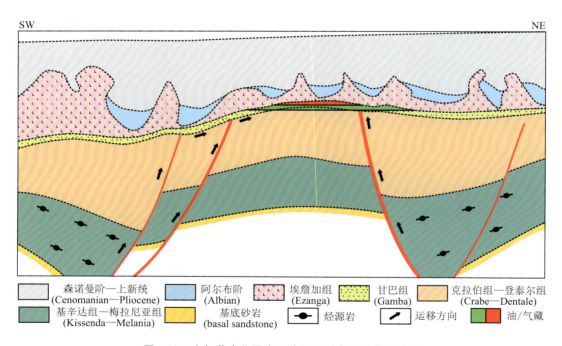

森诺曼阶—上新统	阿尔布阶	埃詹加组	甘巴组	克拉伯组—登泰尔组
(Cenomanian—Pliocene)	(Albian)	(Ezanga)	(Gamba)	(Crabe—Dentale)
基辛达组—梅拉尼亚组	基底砂岩	烃源岩	运移方向	油/气藏
(Kissenda—Melania)	(basal sandstone)			

图 4.25　南加蓬次盆深水区盐下 B 油气田成藏模式图

（2）盐下油气具有成藏早、烃柱充满度高的特征

构造-沉积演化分析表明,在盐下巴列姆(Barremian)阶梅拉尼亚(Melania)组湖相烃源岩沉积后,加蓬盆地进入过补偿沉积阶段,盐下湖相烃源岩被快速深埋,再加上盆地裂陷期具有高热流的特点,巴列姆(Barremian)阶梅拉尼亚(Melania)组湖相烃源岩在早白垩世阿普特(Aptian)晚期即进入成熟生油阶段(图 4.26)。在该时期

区域盖层埃詹加(Ezanga)组盐岩已经形成,且盐下与裂陷期伸展作用相关的构造圈闭也基本定型,具备捕获盐下油气的条件。因此,盐下油气具有快速生烃、成藏早的特点。同时,由于盆地盐下湖相烃源岩品质好,烃源供给充足,盐下油气发现普遍具有充满度高的特点(图 4.27)

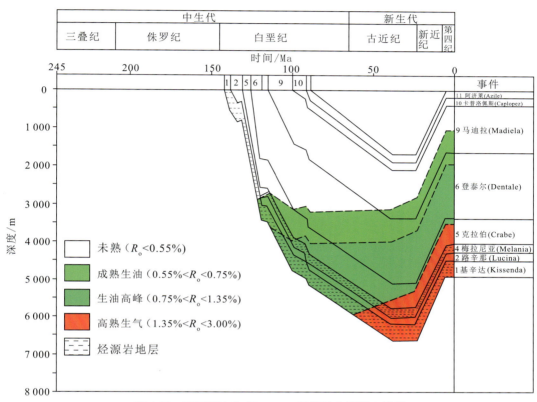

图 4.26　南加蓬次盆 Dianongo 凹陷某井埋藏史模拟

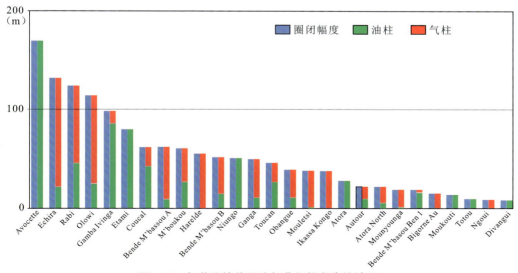

图 4.27　加蓬盆地盐下油气藏烃柱高度统计图

（3）盐下油气藏类型整体具有陆上—浅水区块状、深水区层状的特征

盐下主要储层下白垩统阿普特（Aptian）阶登泰尔（Dentale）组和甘巴（Gamba）组沉积时期盆地整体处于河流-三角洲相沉积环境，来自盆地东部克拉通的物源沿着大型走滑断裂带自北东向盆地现今的深水区输送。整体上，在盆地现今的陆上—浅水区登泰尔（Dentale）组和甘巴（Gamba）组具有近源沉积的特征，以扇三角洲-河流相沉积为主，表现为大套砂岩夹薄泥的岩性组合特征，再加上构造圈闭幅度普遍较低，多数小于 200 m，易于形成块状油藏，如加蓬盆地盐下最大油田 Rabi 和 Etame 油田（图 4.18 和图 4.19）。而在盆地现今的深水区登泰尔（Dentale）组和甘巴（Gamba）组沉积时期距离物源较远，钻井证实以三角洲平原-三角洲前缘沉积为主，层间泥岩发育，表现为砂泥岩互层特征（图 4.13），易于形成多套叠置的层状油气藏。如深水区盐下 L 气田，被 12～20 m 层间泥岩所分隔，发育 4 套层状边水气藏（阳怀忠等，2018）。

（4）盐下油气具有差异分布的特征

陆上—浅水区与深水区构造-沉积演化的差异导致加蓬盆地盐下油气成藏条件和成藏特征也不尽相同（黄兴文等，2015a，b）。在陆上—浅水区，晚白垩世以来以整体掀斜为主，构造相对稳定，盐下以盆地裂陷期形成的构造圈闭为主，定型较早，普遍在早白垩世晚期基本定型，与盐下湖相烃源岩生油窗匹配较好，以找油为主。而对于盆地深水区来说，一方面，由于处于盆地裂陷晚期以来的沉积中心，盐下湖相烃源岩埋深整体较陆上—浅水区大；另一方面，深水区盐下除了发育早白垩世裂陷期形成的构造圈闭之外，还发育大量的与晚白垩世以来断裂活动相关的构造圈闭，该类型构造圈闭定型晚于盐下湖相烃源生排油窗，以找气为主（图 4.28）。目前在深水区盐下获得的 4 个油气发现中有 2 个天然气发现，深水区现阶段也是加蓬盆地盐下天然气储量的主要分布区。因此加蓬盆地盐下具有陆上—浅水区以油为主、深水区油气并举的特征。

4.5.3　深水区盐下油气成藏控制因素

（1）烃源岩是加蓬盆地深水区盐下油气成藏的主控因素

加蓬盆地盐下以近源成藏为主，而盐下组康姆（Neocomian）阶基辛达（Kissenda）组和巴列姆（Barremian）阶梅拉尼亚（Melania）组湖相烃源岩均非连续广泛分布，受裂陷期断陷作用控制，烃源岩主要发育在盐下凹陷内中深湖沉积区（图 4.9）。加蓬盆地深水区盐下成功与失利探井对比分析表明，烃源岩是加蓬深水区盐下油气成藏的主控因素。深水区盐下失利探井钻后分析表明，失利构造圈闭落实，盐下储层发育，盖层条件具备，运移通道良好，失利的主要原因是盐下湖相烃源岩不

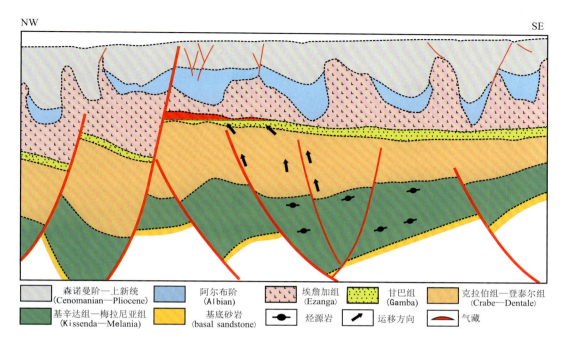

图 4.28　南加蓬次盆深水区盐下 L 气田成藏模式图

发育。

（2）圈闭是盐下油气富集的关键因素

统计表明，加蓬盆地盐下油气藏普遍充满度高（图 4.27），基本全充满，但由于构造圈闭规模不同，导致盐下油气资源分布极其不均。在加蓬盆地盐下 49 个油气发现中，8 个规模较大油气田的可采储量占盐下已发现可采储量的 70%，而其余 41 个油气发现可采储量仅占盐下已发现可采储量的 30%。因此，盐下构造圈闭规模控制了盐下油气藏的储量规模。与此同时，已有油气发现分析表明，盐下构造圈闭的形成期在一定程度上决定了盐下油气藏的油气性质。整体上不论是在盆地现今的陆上—浅水区还是深水区，早白垩世裂陷期至断拗转换期形成的构造圈闭以找油为主，特别是在深水区，虽然现今盐下湖相烃源岩普遍处于高成熟—过成熟阶段，但由于盐下构造圈闭定型较早，仍然具有找油潜力。例如深水区 2018 年 2 个盐下油气发现，圈闭类型为在裂陷期断垒基础上发育的披覆背斜圈闭，虽然圈闭后期受到一定程度的断层活动的影响，但在早白垩世晚期圈闭基本定型，勘探结果分别为油藏和油气藏（图 4.25）。而晚白垩世以来断裂活动形成构造圈闭，由于其形成晚于盐下湖相烃源生排油窗，所以以找气为主，例如深水区的盐下 L 气田发现（图 4.28），受晚白垩世以来持续活动的断裂控制，圈闭大约至古新世才最终基本定型，为一个天然气发现。此外，由于加蓬盆地经历了多期构造作用，晚期构造活动常常对早期形成的圈闭有一定的破坏作用，因此圈闭有效性是盐下油气富集的另一个关键因素。受晚白垩世开始的强烈右旋走滑作用的影响，恩科米（N'Komi）断裂带附近早期构造圈闭可能遭受反转破坏，晚期构造圈闭普遍定型较晚（晚白垩世晚期—第三纪），导致圈闭定型与烃源岩生、排烃时期不匹配，难以捕获大规模油气；另外，自晚白垩世以来，盆地整体发生西倾掀斜作用，也会导致盐下早期圈闭规模变小，这也可能是目前加蓬盆地陆上、浅水区盐下油气发现规模普遍较小的主要原因。

（3）储层物性控制盐下油气藏的品质

加蓬盆地盐下主要储层下白垩统阿普特（Aptian）阶登泰尔（Dentale）组和甘巴（Gamba）组砂岩来自盆地东部克拉通，在盆地现今的陆上—浅水区以近源的扇三角洲-河流相沉积为主，整体埋深较浅，钻井揭示成岩作用弱，物性普遍较好；而在盆地现今的深水区，登泰尔（Dentale）组和甘巴（Gamba）组沉积时期距离物源较远，储层以三角洲平原-三角洲前缘砂岩为主，粒度变细，泥质杂基及塑性组分含量增加，再加上储层埋深整体较陆上—浅水区增大，成岩作用增强，部分钻井揭示储层物性偏差（图 4.15），从而给油气发现带来一定的商业性风险。

第 5 章
深水区勘探潜力与方向

5.1 深水区盐下油气勘探潜力

加蓬盆地盐下油气资源潜力丰富。据 Brownfield 和 Charpentier(2006b)预测，加蓬盆地盐下待发现油约 727 百万桶，天然气约 $1\,040 \times 10^8$ m³，其中陆上待发现油约 435 百万桶，天然气约 462×10^8 m³；海域待发现油约 292 百万桶，天然气约 578×10^8 m³。目前，加蓬盆地盐下勘探主要集中在陆上—浅水区，深水区(水深大于 500 m)勘探程度低，累计仅钻探了 9 口盐下探井。其中，北加蓬次盆深水区 4 口盐下探井全部失利。钻后分析结合构造-沉积演化研究(Mounguengui and Guiraud，2009；黄兴文等，2015c)，推测北加蓬次盆在盐下纽康姆(Neocomian)阶至巴列姆(Barremian)阶沉积时期裂陷规模较小，主要盐下凹陷基本局限分布在内次盆和兰巴雷内隆起南侧毗邻区(图 1.11)，北加蓬次盆大部分地区不发育盐下湖相烃源岩，盐下勘探潜力较为有限。

在勘探程度同样很低的南加蓬次盆深水区，盐下 5 口探井获得 4 个油气发现(1 个油发现，1 个油＋气发现，2 个天然气发现)，盐下含油气系统被证实。地震资料分析显示南加蓬次盆深水区盐下地层厚度整体较大，最厚可达 6 000 m 以上。重力资料分析也表明，与北加蓬次盆不同，南加蓬次盆发育大范围的剩余均衡布格重力低异常区(Alexander and Aimadeddine，2009)，预测发育大套盐下裂陷期沉积地层，盐下物质基础雄厚。盐下盆地结构与沉积充填分析预测南加蓬次盆深水区盐下纽康姆(Neocomian)阶至巴列姆(Barremian)阶沉积时期裂陷作用强，盐下凹陷规模大(图 1.11)(Mounguengui and Guiraud，2009；黄兴文等，2015c)。结合地震相类比预测盐下纽康姆(Neocomian)阶基辛达(Kissenda)组和巴列姆(Barremian)阶梅拉尼亚(Melania)组湖相烃源岩发育(图 4.8)，盐下油气源条件较好(邓荣敬等，2008；王柯等,2016;兰蕾等,2017;饶勇等,2018)。深水区钻井均钻遇了大套阿普特(Aptian)阶登泰尔(Dentale)组—甘巴(Gamba)组三角洲砂岩储层,结合沉积分析预测盐下砂岩储层分布较广。与陆上—浅水区相比,南加蓬次盆深水区甚至具有更为优越的圈闭和盖层条件(Dickson et al.,2003)。深水区除了发育早白垩世裂陷期形成的构造圈闭之外,还广泛发育与晚白垩世以来断裂活动相关的构造圈闭,盐岩厚度较陆上—浅水区更大。同时勘探结果证实阿普特(Aptian)阶登泰尔(Dentale)组—甘巴(Gamba)组层间三角洲泥岩具有良好的封盖能力,具有形成多套储盖组合的潜力,如南加蓬次盆深水区 L 气田(图 5.1)。因此,综合评价南加蓬次盆深水区盐下勘探潜力较大,是加蓬盆地深水区油气勘探的主战场。

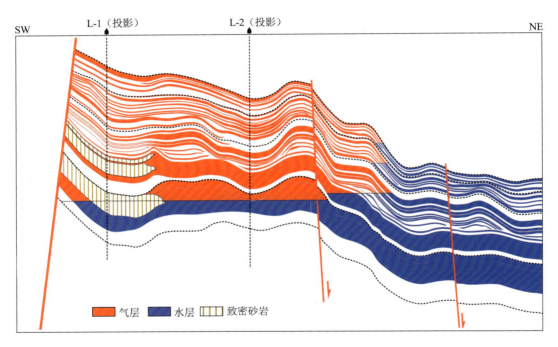

图 5.1　南加蓬次盆深水区 L 气田气藏剖面示意图

5.2　深水区盐下有利勘探层系

前已述及,加蓬盆地盐下划分为 3 套勘探层系组合,分别为由纽康姆(Neocomian)阶基底砂岩(basal sandstone)组成的下组合,由纽康姆(Neocomian)阶基辛达(Kissenda)组—巴列姆(Barremian)阶梅拉尼亚(Melania)组砂岩组成的中组合和由阿普特（Aptian）阶登泰尔（Dentale）组—甘巴（Gamba）组砂岩组成的上组合（图 4.1）。其中，上组合是盆地盐下主力勘探层系组合，已发现可采储量达 25.8 亿桶油当量，占盆地盐下油气发现的 88%（图 4.17），同时也是南加蓬次盆深水盐下最有利且现阶段最现实的勘探层系。

　　① 下组合纽康姆（Neocomian）阶基底砂岩（basal sandstone）沉积于加蓬盆地裂陷早期（即初始裂陷期），推测其分布较广，在盆地现今的深水区也发育。目前加蓬盆地钻至该套层系的钻井较少，主要分布在内次盆和南加蓬次盆陆上。钻井揭示该套储层以冲积扇和辫状河沉积的厚层、粗—中粒含长石砂岩为主，当储层埋深大于 3 000 m 时，物性很差，孔隙度小于 10%，渗透率小于 0.1×10^{-3} μm^2。深水区该组合埋深更大，储层物性存在很大风险。

　　② 中组合纽康姆（Neocomian）阶基辛达（Kissenda）组—巴列姆（Barremian）阶梅拉尼亚（Melania）组储层以来自盆地东缘的扇三角洲-湖相浊积砂岩为主。受陆上—浅水区盐下凹陷的阻挡，推测该套储层向西延伸范围有限（图 4.10），深水区很可能不发育该套砂岩储层（图 3.25）。

　　③ 上组合阿普特（Aptian）阶登泰尔（Dentale）组—甘巴（Gamba）组储层以河流-三角洲砂岩为主。深水区钻井均证实该组合砂岩储层发育，以三角洲平原-三角洲前缘砂岩为主。结合区域研究分析表明，登泰尔（Dentale）组—甘巴（Gamba）组沉积时期加蓬盆地整体处于河流-三角洲相沉积环境，来自盆地东部克拉通的物源沿着恩科米（N'Komi）等大型走滑断裂带自北东向盆地现今的深水区输送，形成大型三角洲体系，深水区广泛发育三角洲平原-三角洲前缘沉积，砂体发育（图 5.2 和图 5.3）。钻井揭示登泰尔（Dentale）组最大厚度 970 m（未钻穿），根据地震资料解释登泰尔（Dentale）组最大厚度超过 2 500 m，平均单砂体厚度 4.3~14.8 m，最大可达 54 m，砂地比 60%~77%；甘巴（Gamba）组厚度 94~500 m，平均单砂体厚度 4.2~19.7 m，最大可达 72 m，砂地比 59%~84%。储层物性横向差异大，登泰尔（Dentale）组单井平均孔隙度 15%~22%，渗透率 $(4.5~290) \times 10^{-3}$ μm^2；甘巴（Gamba）组单井平均孔隙度 17%~25%，渗透率 $(5~380) \times 10^{-3}$ μm^2，具有寻找优质储层的潜力。

5.3　深水区盐下有利勘探方向

　　综合深水区盐下油气成藏条件、区域盐下油气成藏特征与成藏关键因素分析，认为在晚期再次活动的基底断裂形成的大型构造圈闭、裂陷期断垒基础上发育起来的大型背斜-断背斜构造圈闭和凹陷内大型同沉积背斜构造圈闭是南加蓬次盆深水区盐下有利勘探方向(图 5.4)。

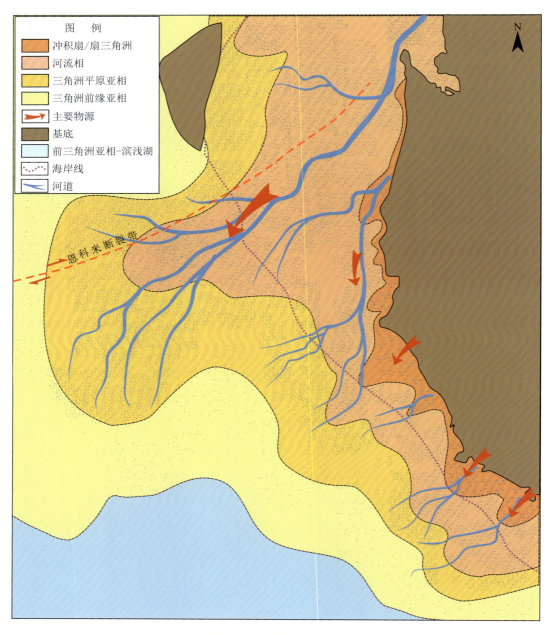

图 5.2　南加蓬次盆下白垩统甘巴(Gamba)组沉积相分布预测图

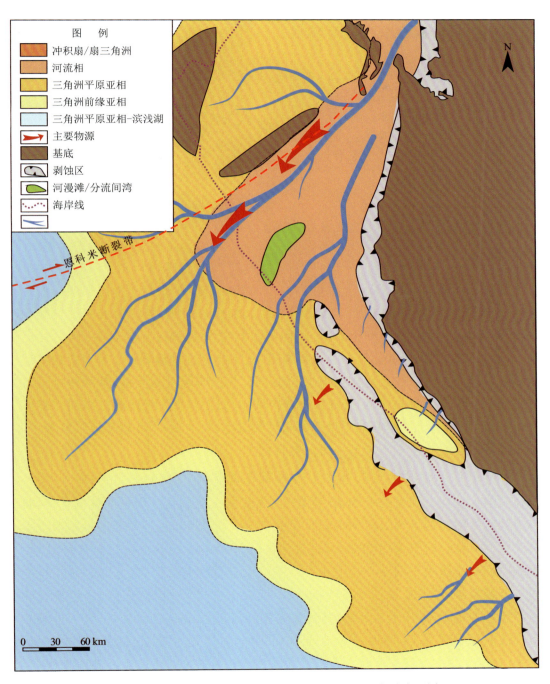

图 5.3　南加蓬次盆下白垩统登泰尔（Dentale）组沉积相分布预测图

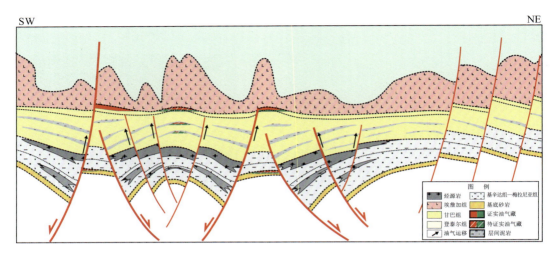

图 5.4 南加蓬次盆深水区油气成藏模式图

（1）晚期再次活动的裂陷期基底断裂形成的大型构造圈闭

在南加蓬次盆深水区,部分盐前裂陷期控凹基底断层在晚白垩世以来的构造作用下再次活动(图 4.28),可形成与断层相关的大型构造圈闭,同时深大断裂直接沟通盐下凹陷内湖相烃源岩和上部阿普特(Aptian)阶登泰尔(Dentale)组—甘巴(Gamba)组砂岩储层,形成油气向上运移通道,盐下油气直接沿着断层垂向近距离运移至圈闭内聚集成藏。南加蓬次盆深水区盐下 L 气田即属于此类型,其圈闭类型就是裂陷期基底断层在晚白垩世—第三纪再次活动形成的大型断鼻构造圈闭。整体上,由于该类型圈闭定型普遍晚于盐下湖相烃源岩生、排油窗,因此以形成气藏为主,是南加蓬次盆深水盐下寻找大型气田的有利方向。

（2）裂陷期断垒基础上发育起来的大型披覆背斜-断背斜构造圈闭

在裂陷后期构造相对稳定区,裂陷期形成的断垒之上发育了大量的披覆背斜、断背斜等构造圈闭。盐下凹陷内湖相烃源岩生成的油气直接通过控垒断层运移至圈闭内阿普特(Aptian)阶登泰尔(Dentale)组—甘巴(Gamba)组砂岩储层内聚集成藏。由于该类型构造圈闭长期处于盐下相对高部位,储层埋深较浅,物性较好。同时,由于圈闭形成较早,普遍在早白垩世晚期阿普特(Aptian)阶埃詹加(Ezanga)组盐岩沉积后圈闭基本定型,圈闭形成、演化与盐下湖相烃源岩生、排烃匹配较好,具有形成油藏或气顶油藏的潜力。目前加蓬盆地陆上—浅水区盐下油气发现也以该类型构造圈闭为主,在南加蓬次盆深水区盐下也已获得了 1 个油发现和 1 个气顶油藏发现,证实了深水区该类型构造圈闭的巨大勘探潜力,是南加蓬次盆深水区盐下找油的有利方向,油气勘探的关键是寻找大型构造圈闭。

（3）盐下凹陷内大型同沉积背斜构造圈闭

在裂陷期伸展作用下南加蓬次盆盐下凹陷内普遍发育滚动背斜、横弯褶皱背斜等同沉积背斜构造圈闭(图 5.5)。该类型构造圈闭直接位于盐下生烃凹陷之上,油气源和运移条件优越;同时,由于构造圈闭通常定型较早,基本上在早白垩世晚期阿普特(Aptian)阶埃詹加(Ezanga)组盐岩沉积后圈闭已经定型,与盐下湖相烃源岩生、排烃匹配较好,具有形成油藏或气顶油藏的潜力。虽然该类型构造圈闭目前在南加蓬次盆深水区还未钻探过,属于新的勘探类型,但其勘探潜力已在陆上—浅水区得到证实。加蓬盆地目前盐下最大的油气田 Rabi 即属于此种构造类型。特别是在南加蓬次盆深水区,巨厚的登泰尔(Dentale)组以三角洲平原-三角洲前缘沉积为主,层间泥岩发育,类比推测可形成多套纵向叠置的储盖组合,勘探潜力大,是南加蓬次盆深水区寻找大型油田的另一个重要的有利方向。

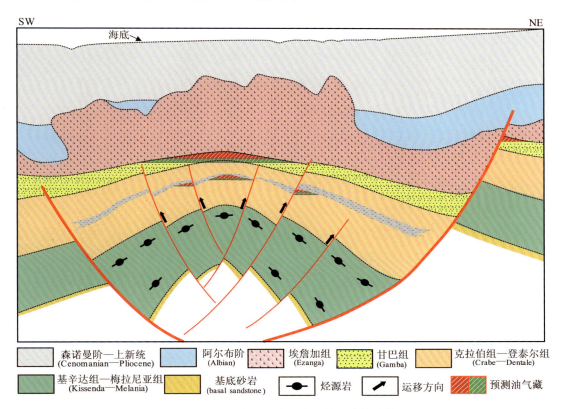

图 5.5　过南加蓬次盆深水区盐下某凹陷地质剖面图

参考文献

蔡周荣，夏斌，孙向阳，等，2007.丽水—椒江凹陷断裂构造特征与成盆机制的关系[J].海洋地质动态，23(10):1-5.

曹洁冰，周祖翼，2003.被动大陆边缘:从大陆张裂到海底扩张[J].地球科学进展，18(5):730-736.

陈安清，胡思涵，楼章华，等，2014.西非加蓬海岸盆地盐构造及其对成藏组合的控制[J].天然气地球科学，25(2):228-237.

邓宏文，郭建宇，王瑞菊，等，2008.陆相断陷盆地的构造层序地层分析[J].地学前缘，15(2):1-7.

邓荣敬，邓运华，于水，等，2008.西非海岸盆地群油气勘探成果及勘探潜力分析[J].海洋石油，28(3):11-19.

房大志，张建球，郑绍贵，等，2012.北加蓬次盆成藏要素分析与油气分布规律[J].油气藏评价与开发，2(4):9-14.

冯有良，李思田，解习农，2000.陆相断陷盆地层序形成动力学及层序地层模式[J].地学前缘，7(3):119-132.

高君，梁爱侠，李杏莉，等，2012.西非海域北加蓬次盆深水浊积砂地震识别及油气勘探意义[J].海外勘探，17(5):59-62.

郭念发，2014.西非加蓬海岸盆地北加蓬次盆油气藏评价及勘探潜力分析[J].油气藏评价与开发，4(6):1-7.

黄兴文，2015.加蓬盆地盐下油气成藏特征与勘探潜力分析[J].长江大学学报(自科版)，12(17):1-7.

黄兴文，胡孝林，郭允，等，2015a.加蓬盆地盐岩特征及其对盐下油气勘探的影响[J].中国地质调查，2(3):40-48.

黄兴文，胡孝林，于水，等，2015b.南加蓬次盆盐下油气分布规律与成藏特征[J].中国海上油气，27(2):17-23.

黄兴文，阳怀忠，刘新颖，等，2015c.加蓬盆地深水盐下构造-沉积演化及其对油气成藏的影响[J].油气地质与采收率，22(4)：14-19.

纪友亮，张世奇，1996.陆相断陷湖盆层序地层学[M].北京：石油工业出版社.

姜在兴，李华启，1996.层序地层学原理及应用[M].北京：石油工业出版社.

KPBJIOB H A,等，2004.地质动力学体系与年轻地台和被动大陆边缘的含油气性[J].任俞译.国外油气地质信息，(4)：24-28.

兰蕾，孙玉梅，王柯，2017.南加蓬次盆深水区天然气成因类型及气源探讨[J].中国石油勘探，22(2)：67-73.

李莉，吴慕宁，李大荣，2005.加蓬含盐盆地及邻区油气勘探现状与前景[J].海外勘探（3）:57-68.

林畅松，2009.沉积盆地的层序和沉积充填结构及过程响应[J].沉积学报，7(5)：849-862.

林卫东，陈文学，熊利平，等，2008.西非海岸盆地油气成藏主控因素及勘探潜力[J].石油实验地质，30(5):450-455.

刘延莉，邱春光，熊利平，2008.西非加蓬盆地沉积特征及油气成藏规律研究[J].石油实验地质，30(4)：352-357.

刘长利，房大志，刘欣，2013.西非南加蓬次盆油气地质特征及勘探方向[J].油气田地面工程，32(6)：3-5.

刘祚冬，李江海，2009.西非被动大陆边缘含油气盐盆地构造背景及油气地质特征分析[J].海相油气地质，3(14):46-52.

陆基孟，1993.地震勘探原理(下册)[M].东营:石油大学出版社.

陆克政，戴俊生，陈清华，等，1996.构造地质学教程[M].东营：石油大学出版社.

陆克政，漆家福，戴俊生，等，1997.渤海湾新生代含油气盆地构造模式[M].北京：地质出版社.

马君，刘剑平，潘校华，等，2008.西部被动大陆边缘构造演化特征及动力学背景[J].中国石油勘探，13(3):60-63.

梅冥相，2015.从沉积层序到海平面变化层序——层序地层学一个重要的新进展[J].地层学杂志，39(1):58-73.

漆家福，夏义平，杨桥，2006.油区构造解析[M].北京：石油工业出版社.

邱春光，刘延莉，2012.加蓬海岸盆地南北次盆成藏特征对比[J].现代地质，26(1)：154-160.

饶勇，阳怀忠，郭志峰，2018.南加蓬次盆盐下油气分布规律及勘探方向[J].断块油气田，25(4)：440-445.

唐成勇，2012.基于局部结构的地震几何属性研究与应用[D].成都:西南交通大学.

童晓光，关增森，2002.世界石油勘探开发图集(非洲地区分册)[M].北京:石油工业出版社.

王柯，黄兴文，郝建荣，2016.盐岩对烃源岩热演化及储层温度的影响——以加蓬盆地X区块为例[J].油气地质与采收率，23(6):47-51.

王涛，2009.地震资料解释系统中若干问题的研究[D].西安:西安科技大学.

魏永佩，刘池阳，2003.位于巨型走滑断裂端部盆地演化的地质模型——以苏丹穆格莱德盆地为例[J].石油实验地质，25(2):129-136.

吴莹莹，2013.地震断层识别方法研究及应用[D].西安:西安科技大学.

解习农，李思田，1993.陆相盆地层序地层研究特点[J].地质科技情报，12(1):22-26.

熊利平，王骏，殷进垠，等，2005.西非构造演化及其对油气成藏的控制作用[J].石油与天然气地质，26(5):641-646.

徐怀大，1991.层序地层学理论用于我国断陷盆地分析中的问题[J].石油与天然气地质，12(1):52-57.

徐睿，奥立德，2016.北加蓬次盆白垩系盐构造发育特征及成因分析[J].中国石油勘探，21(5):70-74.

阳怀忠，邓运华，黄兴文，等，2018.西非加蓬盆地深水盐下油气勘探技术创新与实践[J].中国海上油气，30(4):1-12.

杨川恒，杜栩，潘和顺，等，2000.国外深水领域油气勘探新进展及我国南海北部陆坡深水区油气勘探潜力[J].地学前缘，7(3):247-256.

杨金政，2010.地震相干分析技术及其在断层解释中应用[D].成都:成都理工大学.

叶和飞，罗建宁，李永铁，等.1999.特提斯构造域与油气勘探[J].沉积与特提斯地质，20(1):1-27.

苑书金，2007.地震相干体技术的研究综述[J].勘探地球物理进展，30(1):7-16.

张吉光，王英武，2010.沉积盆地构造单元划分与命名规范化讨论[J].石油实验地质，32(4):309-313.

赵红岩，于水，黄兴文，等，2017.加蓬盆地盐下油气勘探潜力评价[J].中国石油勘探，22(5):96-101.

赵牧华，杨文强，崔辉霞，2006.用方差体技术识别小断层及裂隙发育带[J].物探化探计算技术，28(3):216-218.

赵鹏，王英民，周瑾，等，2013.西非被动大陆边缘盐构造样式与成因机制[J].海洋地质前沿,29(10):14-22.

郑应钊,2012.西非海岸盆地带油气地质特征与勘探潜力分析[D].北京:中国地质大学(北京).

朱筱敏,康安,王贵文,2003.陆相坳陷型和断陷型湖盆层序地层样式探讨[J].沉积学报,21(2):283-287.

ALBARELLO D,MANTOVANI E,BABBUCCI D,et al.,1995. Africa-Eurasia kinematics: Main constraints and uncertainties[J]. Tectonophysics,243(1-2): 25-36.

ALEXANDER M,AIMADEDDINE K,2009. Regional structural framework of Gabon, derived from public source gravity data[R]. Adapted from poster presentation at AAPG International Conference and Exhibition,Cape Town,South Africa,October 26-29,2008.

BASILE C,MASCLE J,BENKHELIL J,et al.,1998. Geodynamic evolution of the Côte Divoire-Ghana transform margin: An overview of leg 159 results[M]// MASCLE J,LOHMANN G P,MOULLADE M. Proceedings of the Ocean Drilling Program. Scientific Results,College Station,TX(Ocean Drilling Program), 159:101-110.

BASILE C,MASCLE J,GUIRAUD R,2005. Phanerozoic geological evolution of the Equatorial Atlantic domain[J]. Journal of African Earth Sciences,43(1-3): 275-282.

BLACK R,GIROD M,1970. Late Paleozoic to recent igneous activity in West Africa and its relationship to basement structure[M]//CLIFFORD T N,GASS I G. African magmatism and tectonics. Oliver & Boyd,Edinburgh.

BONATTI E,1996. Anomalous opening of the Equatorial Atlantic due to an equatorial mantle thermal minimum[J]. Earth and Planetary Science Letters,143 (1):147-160.

BRINK A H,1974. Petroleum geology of Gabon basin[J]. AAPG Bulletin,58(2): 216-235.

BROWNFIELD M E,CHARPENTIER R R,2006a. Geology and total petroleum systems of the Gulf of Guinea Province of West Africa[R]. USGS Bulletin,2207-C:1-32.

BROWNFIELD M E,CHARPENTIER R R,2006b. Geology and total petroleum systems of the West-Central coastal province (7203), West Africa Geology[R]. USGS Bulletin, 2207-B:1-52.

BUMBY A J, GUIRAUD R, 2005. The geodynamic setting of the Phanerozoic basins of Africa[J]. Journal of African Earth Sciences, 43(1-3) : 1-12.

BURKE K, MACGREGOR D S, CAMERON N R, 2003. Africa's petroleum systems: Four tectonic aces in the past 600 million years[M]// ARTHUR J, MACGREGOR D, CAMERON R. Petroleum Geology of Africa: New Themes and Developing Technologies. Geological Society of London Special Publications, 207:21-60.

C&C RESERVOIRS,2012a. Field evaluation report, Rabi-Kounga field south Gabon basin, offshore Gabon[R].

C&C RESERVOIRS,2012b. Field evaluation report,Etame field south Gabon basin, offshore Gabon[R].

C&C RESERVOIRS,2012c. Field evaluation report,Lucina Marine field south Gabon basin, offshore Gabon[R].

CAMERON N R, BATE R H, CLURE V S, 1999. The oil and gas habitats of the South Atlantic[M]. Geological Society of London Special Publication.

CATUNEANU O, ABREU V, BHATTACHARYA J P, et al. , 2009. Toward the standardization of sequence stratigraphy[J]. Earth-Science Reviews, 92:1-33.

CHABOUREAU A C, GUILLOCHEAU F, ROBINC, et al. , 2013. Paleogeographic evolution of the central segment of the South Atlantic during Early Cretaceous times: Paleotopographic and geodynamic implications [J]. Tectonophysics, 604:191-223.

CLEMSON J, 1997. Structural segmentation of Namibian passive margin[D]. London: University of London.

CLIFFORD A C, 1986. African oil-Past, present and future[M]//MICHEL T H. Future Petroleum Provinces of the World. AAPG Mem. , 40: 339-372.

CLOETINGH S, 1986. Intraplate stresses: A new tectonic mechanism for fluctuations of sea level[J]. Geology, 14(7): 617-620.

COTERILL K, TARI G C, MOLNAR J, 2002. Comparison of depositional sequences and tectonic styles among the West African deepwater frontiers of western Ivory Coast, southern Equatorial Guinea, and northern Namibia[J]. The

Leading Edge:1103-1111.

DAILLY P, 2000. Tectonic and stratigraphic development of the Rio Muni basin, Equatorial Guinea: The role of transform zones in Atlantic basin evolution[M]// MOHRIAK W, TAIWANI M. Atlantic Rifts and Continental margins. Washington D C American Geophysical Union Geophysical Monograph Series, 115: 105-128.

DAVISON I, 2007. Geology and tectonics of the South Atlantic Brazilian salt basins [M]// RIES A C, BUTLER R W H, GRAHAM R H. Deformation of the Continental Crust. The Legacy of Mike Coward. Geol. Soc. Spec. Publ., 272: 345-359.

DECKART K, FÉAUD G, BERTRAND H, 1997. Age of Jurassic continental tholeiites of French Guyana, Surinam and Guinea: Implications for the initial opening of the central Atlantic Ocean[J]. Earth and Planetary Science Letters, 150 (3): 205-220.

DICKSON W G, FRYKLUND R E, ODEGARD M E, et al., 2003. Constraints for plate reconstruction using gravity data-implications for source and reservoir distribution in Brazilian and West African margin basins[J]. Marine and Petroleum Geology, 20(3-4):309-322.

DUPRE S, 2003. Integrated tectonic study of the South Gabon margin. Insights on the rifting style from seismic, well and gravity data analysis and numerical modelling[D]. Amsterdam: Netherlands Research School of Sedimentary Geology, Vrije Universiteit.

DUPRE S, CLOETINGH S, BERTOTTI G, 2011. Structure of the Gabon margin from integrated seismic reflection and gravity data[J]. Tectonophysics, 506: 31-45.

EDWARDS A D, BIGNELL R, 1988. Nine major play types recognized in salt basin [J]. Oil Gas J., 86(51): 55-58.

EMERY K O, UCHUPI E, 1984. The geology of the Atlantic Ocean[M]. New York: Springer-Verlag.

EVANS D G, 2001. The depositional regime on the Abyssal plain of the Congo fan in Angola// FILLON R H, ROSEN N C, WEIMER P, et al. Petroleum Systems of Deep-Water Basins-Global and Gulf of Mexico Experience. SEPM Society for

Sedimentary Geology，2001，21：343-344.

FAIRHEAD J D，BINKS R M，1991. Differential opening of the central and south Atlantic Oceans and the opening of the West African rift systems[J]. Tectonophysics，187(1-3)：191-203.

FORD D，GOLONKA J，2003. Phanerozoic paleogeography，paleoenvironment and lithofacies maps of the circum-Atlantic margins[J]. Marine and Petroleum Geology，20(3)：249-285.

GOLONKA J，BOCHAROVA N Y，2000. Hot spot activity and the break-up of Pangea[J]. Paleo. ，161：49-69.

GRAND S P，HILST R D V D，WIDIYANTORO S，1997. Global seismic tomography：A snapshot of convection in the Earth[J]. GSA. Today，7(4)：1-7.

GUIRAUD M，BUTA-NETO A，QUESNE D，2010. Segmentation and differential post-rift uplift at the Angola margin as recorded by the transform-rifted Benguela and oblique-to-orthogonal-rifted Kwanza basins[J]. Mar. Petrol. Geol. ，27(5)：1040-1068

GUIRAUD R，BELLION Y，1995. Late carboniferous to recent geodynamic evolution of the West Gondwanian，Cratonic，Tethyan margins[M]// JANSA L F，NAIRN A E M，RICOU L E，et al. The Ocean Basins and Margins：The Tethys Ocean. New York：Plenum Press：101-124.

GUIRAUD R，BOSWORTH W，1997. Senonian basin inversion and rejuvenation of rifting in Africa and Arabia：Synthesis and implications to plate scale tectonics [J]. Tectonophysics，282(1)：39-82.

GUIRAUD R，BOSWORTH W，THIERRY J，et al. ，2005. Phanerozoic geological evolution of Northern and Central Africa：An overview[J]. Journal of African Earth Sciences，43(1-3)：83-143.

HAMES W，MCHOME J G，RENNE P，et al. ，2003. The central Atlantic magmatic province[M]. American Geophysical Union，Washington D C.

HAQ B U，HARDENBOL J，VAIL P R，1987. Chronology of fluctuating sea levels since the Triassic[J]. Science，235(4793)：1156-1167.

HARDING T P，LOWELL J D，1979. Structural styles，their plate-tectonic habitats，and hydrocarbon traps in petroleum provinces[J]. Bulletin of the American Association of Petroleum Geologists，69(7)：1016-1058.

HEINE C, ZOETHOUT J, MÜLLER R D, 2013. Kinematics of the south Atlantic rift[J]. Solid Earth,4(2)：215-253.

HUDEC M R, JACKSON M P A, 2002. Structural segmentation, inversion, and salt tectonics on a passive margin：Evolution of the inner Kwanza basin, Angola [J]. Geological Society of America Bulletin, 114：1222-1244.

IHS MARKIT, 2017. Gabon coastal basin[R].

JACKSON M P A, CRAMEZ C, FONCK J M, 2000. Role of subaerial volcanic rocks and mantle plumes in creation of south Atlantic margins：Implications for salt tectonics and source rocks[J]. Marine and Petroleum Geology, 17(4)：477-498.

KARNER G D, DRISCOLL N W, MCGINNIS J P, et al., 1997. Tectonic significance of syn-rift sediment packages across the Gabon-Cabinda continental margin [J]. Marine and Petroleum Geology, 14(7-8)：973-1000.

KUEPOUO G, TCHOUANKOUE J P, NAGAO T, 2006. Transitional tholeiitic basalts in the Tertiary Bana volcano-plutonic complex, Cameroon Line[J]. Journal of African Earth Sciences, 45(3)：318-332.

LEHNER P, DE RUITER P A C, 1977. Structural history of Atlantic margin of Africa[J]. AAPG Bulletin, 61(7)：961-981.

LOWELL J D, 1985. Structural styles in petroleum geology[M]. United States：Pennwell Corp.

MANN P, GAHAGAN L, GORDON M, 2003. Tectonic setting of the world's giant oil fields[M]// MICHEL T H. Giant Oil and Gas Fields of the Decade, 1990-2000. AAPG Memoir, 78：15-105.

MEYERS J B, ROSENDAHL B R, GROSCHEL B H, et al. , 1996. Deep penetrating MCS imaging of the rift-to-drift transition, offshore Douala and North Gabon basins[J]. West Africa Marine Petroleum Geology, 13：791-835.

MIALL A D, MIALL C E, 2001. Sequences stratigraphy as a scientific enterprise：The evolution and persistence of conflicting paradigms[J]. Earth-Science Reviews, 54：321-348.

MOUNGUENGUI M M, GUIRAUD M, 2009. Neocomian to early Aptian syn-rift evolution of the normal to oblique-rifted North Gabon margin (Interior and N'Komi basins)[J]. Marine and Petroleum Geology, 26(6)：1000-1017.

PAVONI N, 1992. Rifting of Africa and pattern of mantle convection beneath the African plate[J]. Tectonophysics, 215(1-2): 35-53.

PEPER T, BEEKMAN F, CLOETINGH S, 1992. Consequences of thrusting and intraplate stress fluctuations for vertical motions in foreland basins and peripheral areas[J]. Geophysical Journal International, 111: 104-126.

RAD U V, HINZ K, SARNTHEIM M, et al., 1982. Geology of the Northwest African continental margin[M]. Berlin: Springer.

SAVOSTIN L A, SIBUET J C, ZONENSHAIN L P, et al., 1986. Kinematic evolution of the tethys belt from the Atlantic Ocean to the Pamirs since the Triassic [J]. Tectonophysics, 123(1-4): 1-35.

SERANNE M, ANKA Z, 2005. South Atlantic continental margins of Africa: A comparison of the tectonics climate interplay on the evolution of equatorial west Africa and SW Africa margins[J]. Journal of African Earth Sciences, 43(1-3): 283-300.

SMITH A G, LIVERMORE R A, 1991. Pangea in Permian to Jurassic time[J]. Tectonophysics, 187(1-3): 135-179.

TEISSERENC P, VILLEMIN J, 1990. Sedimentary basin of Gabon, geology and oil systems[M]//EDWARDS J D, SANTOGROSSI P A. Divergent/Passive Margin Basins. AAPG Memoir, 48: 117-199.

TELLO SAENZ C A, HACKSPACHER P C, HADLER NETO J C, 2003. Recognition of Cretaceous, Paleocene, and Neogene tectonic reactivation through apatite fission-track analysis in Precambrian areas of southeast Brazil: Association with the opening of the south Atlantic Ocean[J]. Journal of South American Earth Sciences, 15(7): 765-774.

TURNER J P, ROSENDAHL B R, WILSON P G, 2003. Structure and evolution of an obliquely sheared continental margin: Rio Muni, West Africa[J]. Tectonophysics, 374(1-2):41-55.

VAIL P R, AUDEMARD F, BOWMAN S A, 1991. The stratigraphic signatures of tectonics, eustasy and sedimentology—An overview [M] //EINSELE G, RICKEN W, SEILACHER A. Cycles and Events in Stratigraphy. Berlin: Springer-Verlag: 617-659.

VAIL P R, MITCHUM R M JR, THOMPSON S, 1977. Seismic stratigraphy and global changes of sea level, Part 4: Global cycles of relative changes of sea level [M]// CHARLES E P. Seismic Stratigrapy-application to hydrocarbon exploration. AAPG Memoir, 26: 83-98.

VAIL P R, AUDEMARD F, BOWMAN, 1987. Seismic stratigraphy interpretation procedure[M]// BALLY A W. Atlas of Seismic Stratigraphy. AAPG Studies in Geology 27, 1:1-10.

VAN WAGONER J C, 1995. Overview of sequences stratigraphy of foreland basin deposits: Terminology, summary of papers, and glossary of sequence stratigraphy[M]// VAN WAGONER J C, BERTRAM G T. Sequence Stratigraphy of Foreland Basin Deposits: Outcrop and Subsurface Examples from the Cretaceous of North America, Memoir, 64:ix-xxi.

WILGUS C K, HASTINGS B S, POSAMENTIER H W, et al., 1988. Sea level changes—An integrated approach[M]. SEPM(Society of Economic Paleontologists and Mineralogists), Tulsa, Oklahoma: Special Publication.

WILSON M, 1997. Thermal evolution of the Central Atlantic passive margins: Continental break-up above a Mesozoic super-plume[J]. Journal of the Geological Society London, 154(3): 491-495.

WILSON M, GUIRAUD R, 1992. Magmatism and rifting in Western and Central Africa, from late Jurassic to recent times [J]. Tectonophysics, 213(1-2): 203-225.

YOSHIDA S, WILLIS A, MIALL A D, 1996. Tectonic control of nested sequence architecture in the Castlegate sandstone (Upper Cretaceous), Book Cliffs, Utah [J]. Journal of Sedimentary Research, 66: 737-748.